約恩‧德米爾斯曼
Yoann Demeerssem

41堂
課程

90個
練習單元

大師調酒課

超過 300 種人氣酒譜 x 經典技法
打造世界級雞尾酒圖解全書

計時
12週

調製的
技巧

超過
300道酒譜

所有必備的
工具材料

大師調酒課：

超過 300 種人氣酒譜 X 經典技法，打造世界級雞尾酒圖解全書

作　　　者／約恩・德米爾斯曼 Yoann Demeersseman
譯　　　者／姜盈謙
責任編輯／陳姿穎
內頁設計／許心華
封面設計／任宥騰
行銷企畫／辛政遠、楊惠潔
總 編 輯／姚蜀芸
副 社 長／黃錫鉉
總 經 理／吳濱伶
發 行 人／何飛鵬
出　　　版／創意市集

發　　　行／英屬蓋曼群島商家庭傳媒股份有限公司城邦分公司
　　　　　　歡迎光臨城邦讀書花園網址：ww.cite.com.tw
香港發行所／城邦（香港）出版集團有限公司
　　　　　　香港灣仔駱克道 193 號東超商業中心 1 樓
　　　　　　電話：(852) 25086231
　　　　　　傳真：(852) 25789337
　　　　　　E-mail：hkcite@biznetvigator.com

馬新發行所／城邦（馬新）出版集團
　　　　　　Cite (M) Sdn Bhd
　　　　　　41, Jalan Radin Anum, Bandar Baru Sri Petaling,
　　　　　　57000 Kuala Lumpur, Malaysia.
　　　　　　電話：(603) 90578822
　　　　　　傳真：(603) 90576622
　　　　　　E-mail：cite@cite.com.my

展售門市／台北市民生東路二段 141 號 7 樓
製版印刷／凱林彩印股份有限公司
初版 4 刷／2024 年 1 月
Ｉ Ｓ Ｂ Ｎ／978-986-0769-37-1
定　　　價／520 元

國家圖書館出版品預行編目 (CIP) 資料

大師調酒課：超過 300 種人氣酒譜 X 經典技法，
打造世界級雞尾酒圖解全書 / 約恩 . 德米爾斯曼
(Yoann Demeersseman) 著；姜盈謙譯 . -- 初版 . --
臺北市：創意市集出版：英屬蓋曼群島商家庭傳
媒股份有限公司城邦分公司發行 , 2022.01

　　面；　cm
譯自：Mon cours de cocktails : en 12
semaines chrono
ISBN 978-986-0769-37-1(平裝)

1. 調酒

427.43　　　　110014267

客戶服務中心
地址：10483 台北市中山區民生東路二段 141 號 2F
服務電話：（02）2500-7718、（02）2500-7719
服務時間：週一至週五 9：30 ～ 18：00
24 小時傳真專線：（02）2500-1990 ～ 3
E-mail：service@readingclub.com.tw

Mon cours de cocktails - en 12 semaines chrono by
Yoann DEMEERSSEMAN
© Dunod 2018, Malakoff
Traditional Chinese language translation rights
arranged through The PaiSha Agency, Taiwan.

若書籍外觀有破損、缺頁、裝訂錯誤等不完整現象，
想要換書、退書，或您有大量購書的需求服務，都請
與客服中心聯繫。

前言

我們無法臨時充當一位（男或女）調酒師，這是一項真正的專業。可能有些人是偶然發掘而投入調製飲品的玩樂中，但對其他大多數人而言，卻是如假包換的人生志業，通常更是一段值得攜手共度的生涯旅程。有時候，（男或女）調酒師能夠從經典專書、旅行或是會面中汲取各式各樣的靈感，但卻未能在自己職業生涯中幸得一兩位與他們交流的導師。作者約恩（Yoann）非常清楚：調酒工作就像烹飪一樣，是一門傳承的事業。儘管他擅長使用新的酒譜或技術來創作新款雞尾酒，但他明白良師益友環側才能夠精進的重要性。

如同所有的餐飲行業，如果實作非常重要，那麼想領略真正的調酒文化，關於酒譜、技術和配方的參考書籍不容或缺。約恩經歷了法國及國外早年的調酒工作並贏得許多比賽後，如今，他一邊推廣無數品牌和經產區認證的酒，一邊在法國大西部地方投入培養新一代人才的崇高任務，為這專業無可避免的現代化付出貢獻。自此，針對法國和國際調酒學校的參考教材計畫逐漸成型，它不但總結了十年的個人經驗，且概括更悠久且兼容並蓄的技巧。

無庸置疑，它將成為學徒、訓練有素的調酒師，以及業餘品飲行家的必備工具書。

亞歷山大・凡堤耶
Alexandre Vingtier

亞歷山大・凡堤耶是國際知名的烈酒專家和顧問，在歐洲、亞洲和美洲舉辦許多論壇。他也是《法國葡萄酒評論期刊》（La Revue du Vin de France）的烈酒專家，法國蘭姆酒雜誌《Rumporter》的聯合創始人和主編，並撰寫有關於威士忌、蘭姆酒和梅斯卡爾酒等著作。他的作品已被翻譯成七種語言，銷量超過十萬冊。他每年會參觀數十家釀酒廠，品嚐世界各地的數千種烈酒。自 2014 年以來，他一直擔任法國干邑白蘭地公會國際認證講師。

大師調酒課
課程大綱

目錄

調酒師專有詞彙

ABA[1]：以烈酒為基底的餐前酒：
吉拿酒、茴香（Pastis）、艾普羅
……

ABA[2]：葡萄酒為基底的餐前酒：
奎寧酒（Quinquina）或香艾酒
（Vermouth）。

AOC[3]：原產地命名控制；法定產
區酒。

After dinner：餐後助消化酒。

Bar mat：吧台墊。

Bar spoon：吧叉匙。

Bartender：調酒師。

Before dinner：餐前開胃酒。

Bitter：原意為「苦味」，它屬於
一種開胃酒，俗稱苦精或苦味酒。
又可區分為清爽的苦酒，例如艾
普羅或是金巴利（Campari）；
深焦色的苦酒，如皮康苦味橙香
開胃酒（Amer Picon）和吉拿酒；
或是濃縮的苦酒，如安格仕苦精
（Angostura）。

Blender：果汁機。

BNIC[4]：干邑白蘭地公會。

Boston 波士頓雪克杯：美式
雪克杯，傳統的波士頓雪克杯是
由一個金屬下杯（Timbale）和一
個玻璃上杯組合而成。近年來，
以兩件金屬杯身組合的波士頓雪
克杯蔚為風潮，它比傳統波士頓
雪克杯的使用效果更佳。

Cocktail 雞尾酒：這個詞彙在
1806 年出現於一本美國刊物上，

它定義雞尾酒為：由任何類型的
烈酒、水、砂糖和苦精所組成的
飲料。在十九世紀的早期著作中，
雞尾酒和一般調飲有所區分。在
1920 年代，雞尾酒一詞涵蓋了所
有混合調製的飲料，只要它含有
兩種成分就可算是。

Continental 歐陸雪克杯：又
稱法式雪克杯（Parisian），由兩
件金屬杯（不鏽鋼或銅製）組合
而成的雪克杯種類（一大一小）。

Crushed ice：碎冰。

Cuban roll 古巴滾動法：調製
雞尾酒的一種技術，即把一個雪克
杯的酒液拉長倒入另一個杯中。

Dash：意為「抖振」。「1 dash」
或是「1 抖振」，約等於 7.5ml（針
對烈酒而言）。在注入具有強烈
味道的某些烈酒時，調酒師會使
用這個計量術語。例如：1 dash
的苦艾酒。

Double strainer 雙重過濾網：
用來「雙重過濾」以便獲得風味
均勻調酒的細密濾網。它可以濾
掉細碎冰塊、水果渣和草葉、植
物和辛香料的碎屑。

Dry Shake 乾搖盪：指不加冰塊、
加入蛋白搖晃材料的調製技術。

Fancy drink 風味雞尾酒／All
day cocktail 全天可飲雞尾
酒：無論何時皆能飲用的雞尾酒，
通常是長飲型雞尾酒。

Flair Bartender 花式調酒師：
專門提供酷炫表演的調酒師，在
電影《雞尾酒》（Cocktail）上映
後，花式調酒師在美國 1990 年代
相繼出現，劇中演員湯姆·克魯
斯以令人嘆為觀止的特技手法調
製了不同類型的雞尾酒。

Float 漂浮：調酒技法。例如用
蘭姆做漂浮，指最後徐徐在調酒
表面倒入微量的蘭姆酒作為收尾，
如邁泰（Mai-Tai）、殖民者派對
酒（Planteur）等。

搖盪：以雪克杯搖製雞尾酒的方式。

Frozen 霜凍（冷凍）：指用
冰杯（在冷凍庫中冰鎮），或在
果汁機中加入碎冰打製的雞尾
酒，例如霜凍黛綺莉（Frozen
Daïquiri）。

Highball 高球：原指喝長飲雞
尾酒使用的高球杯（也稱作平底
杯），延伸通稱所有長飲型的雞
尾酒。

Hot drink 熱飲：雞尾酒的類別，
指裝在耐熱玻璃（托迪杯類型）
的熱飲，例如愛爾蘭咖啡。它們
的容量為 120 至 250ml。

IGP：地理標誌保護（Indication
géographique protégée），地
區餐酒。

Jigger：量酒器。

Julep cup 朱莉普杯：圓形金
屬小杯，專門盛裝「朱莉普」系
列的調酒。

---

[1] 法文「apéritif à base d'alcool」縮寫。
[2] 法文「apéritif à base de vins」縮寫。
[3] 法文「appellation d'origine contrôlée」縮寫。
[4] 法文「Bureau National Interprofessionnel du Cognac」縮寫。

Lime squeezer：檸檬榨汁器。

Long Drink 長飲：可隨時飲用、清爽且解渴的雞尾酒。礦泉水、氣泡水、各種碳酸飲料、果汁、啤酒、香檳……都可以加入長飲料稀釋，它們的容量為 120 至 250ml。例如：莫希托（Mojito）、弗雷迪可林斯（Freddy Collins）、紅鯛魚[5]（Red Snapper）。

Martini 馬丁尼：一種雞尾酒杯，或指詹姆士・龐德專屬的調酒。如薇絲朋馬丁尼（Vesper Martini）、伏特加馬丁尼（Vodka Martini）。

Mixing glass：攪拌杯。

Mixologie 調酒學：美式專有名詞，約 19 世紀源自美國。它指的是混合飲料以調製出雞尾酒的一門藝術。2017 年，這一詞彙首次收錄於法語辭典。

Mocktail[6]：仿製雞尾酒的無酒精飲料。

Muddle：搗碎。

Neat：不摻水或冰塊來飲用烈酒的方式。

Night cap：直譯為「睡帽」，它指睡前的最後一杯酒。

Old fashioned 古典杯：盛裝威士忌的杯子，又稱 Rock 杯，因為這個杯子通常用來裝加入冰塊的蒸餾酒（eau-de-vie）或雞尾酒，「On the rocks」的術語由此而來。

「Old fashioned」也是雞尾酒的一個種類，可以使用任何蒸餾酒作為基酒。

On the rocks：用古典杯裝盛、加入方冰塊飲用的雞尾酒或烈酒。

Passer 過濾：在雪克杯或是攪拌杯調製雞尾酒的步驟，藉由隔冰匙過濾酒液。

Pourer：酒嘴，注酒器。

Punch bowl 潘趣酒缸：專門盛裝所有潘趣酒類型的大容器或大酒碗。

Queue de coq 雞尾調飲：調酒師專有詞彙，指含糖量不高並且香氣濃郁的飲料（參照「雞尾酒」一詞的基本定義）。

Rhum Fest 蘭姆酒展：2012 年由希利爾・胡貢（Cyrille Hugon）所創辦，蘭姆酒展是一場專門推廣各種蘭姆酒的展覽會。每年春季在巴黎舉行。

Overproof rum 高濃度蘭姆酒：（源於）牙買加的蘭姆酒，濃度至少 63% 以上。

Short drink 短飲：通常作為開胃酒或餐後小酌的雞尾酒類別。它們的容量為 70 至 120ml。

Simple syrup 普通糖漿：1:1 的砂糖和水調製而成的糖漿。

Speakeasy 地下酒吧：在美國禁酒令期間供應酒飲的違法酒吧。

Spirit 烈酒：英文詞彙，指雞尾酒的基酒。

Straight up 純飲：餐前或餐後雞尾酒在雪克杯或攪拌杯調製冷卻後，不加冰塊飲用。

Strainer：隔冰匙。

Swizzle stick 調酒棒：形似加勒比海的一種芳香樹木（bois lélé[7]）的攪拌棒，適合攪拌碎冰雞尾酒。

Tin 廳杯／下杯：波士頓雪克杯的金屬杯。

加蓋：英文為「Topped[8]」，指在雞尾酒中「補滿」果汁、蘇打水、香檳等。

Tumbler 平底杯：見高球杯的解釋。

Vaporiser cocktail 噴霧型雞尾酒：噴灑精油或是燃燒酒精來調製的一款雞尾酒，是越來越流行的作法。當代雞尾酒「淡香水」（Eau fraîche）即是噴霧迷迭香味的例子。想要讓一款雞尾酒散放香氣，只要將噴霧器在酒杯上方 20 至 30cm 處，噴灑二至三次，便能為雞尾酒帶來一股清新口感。

VDL：加烈酒（Vins de Liqueur），如波特酒（Porto）、雪利酒（Xérès）、夏朗德皮諾（Pineau des Charentes）。

---

[5] 譯注：以血腥瑪麗改良、使用琴酒為基酒的調酒版本。

[6] 是「Mock」和「Cocktail」的合成字。

[7] Lélé 在克里奧語意思為「攪拌」。

[8] 原指在糕點上層加裝飾。

酸甜苦辣雞尾酒，各有所好

清新爽口的雞尾酒

黛綺莉 Daïquiri
古巴白蘭姆酒、砂糖、萊姆汁
147

白色佳人一號
White Lady N° 1
薄荷酒、君度橙酒、檸檬汁
150

史汀格 Stinger
干邑白蘭地、薄荷酒
188

小黃瓜高球雞尾酒
Cucumber Highball
糖漿、檸檬汁、新鮮小黃瓜、氣泡水
82

威士忌斯瑪旭
Whiskey Smash
裸麥威士忌、檸檬角、新鮮薄荷、糖漿
108

臨別一語 Last Word
琴酒、綠色夏特勒茲、瑪拉斯奇諾黑櫻桃利口酒、萊姆汁
159

綠巨人 Green Beast
佩諾苦艾酒、萊姆汁、糖漿、新鮮小黃瓜、清涼礦泉水
174

酸酸甜甜的雞尾酒

湯米的瑪格麗特
Tommy's Margarita
龍舌蘭、萊姆汁、龍舌蘭蜜
151

噴火戰鬥機 Spitfire
干邑白蘭地、蜜桃香甜酒、檸檬汁、糖漿、蛋白、不甜白葡萄酒
193

完美女人
Perfect Lady
琴酒、蜜桃香甜酒、檸檬汁、砂糖、蛋白
58

百萬富翁一號
Millionaire Cocktail N° 1
牙買加蘭姆酒、野莓琴酒（Sloe Gin）、杏桃白蘭地、萊姆汁
152

歐陸酸酒
Continental Sour
干邑白蘭地、糖漿、檸檬汁、蛋白、紅酒
71

蜜桃潘趣酒
Peach Punch
蜜桃香甜酒、艾普羅、不甜白葡萄酒、檸檬汁、糖漿、蛋白
195

裸麥威士忌酸酒
Rye Sour
裸麥威士忌、糖漿、檸檬汁、蛋白
71

酸而不甜的雞尾酒

瑪格麗特 Margarita
龍舌蘭、君度橙酒、萊姆汁
151

白色佳人二號
White Lady N° 2
琴酒、君度橙酒、檸檬汁
150

側車 Side Car
干邑白蘭地、君度橙酒、檸檬汁
150

布蘭卡麗塔 Brancarita
龍舌蘭、可可香甜酒、菲奈特布蘭卡利口酒、萊姆汁
185

核彈黛綺莉
Nuclear Daïquiri
蘭姆酒、綠色夏特勒茲、巴貝多法勒南利口酒、萊姆汁
198

盤尼西林 Penicillin
蘇格蘭泥煤威士忌、蜂蜜糖漿、薑味糖漿、檸檬汁
198

早餐馬丁尼
Breakfast Martini
琴酒、君度橙酒、檸檬汁、柑橘果醬
201

異國風情雞尾酒

坎嗆恰辣 Canchanchara
古巴陳年蘭姆酒、蜂蜜、萊姆角
140

邁泰 Mai Tai
牙買加蘭姆酒、庫拉索橙酒（Curaçao Orange）、萊姆汁、碎冰
112

琴琴騾子
Gin Gin Mule
琴酒、糖漿、新鮮薄荷、萊姆汁、薑汁啤酒
66

萊佛士新加坡司令
Raffles Singapour Sling
琴酒、櫻桃白蘭地、班尼迪克丁（Bénédictine）、君度橙酒、紅石榴糖漿、萊姆汁、安格仕苦精、鳳梨汁
155

核彈 El Nuclear
瓜德羅普白蘭姆酒、綠色衣扎拉（Izarra Verte）、糖漿、萊姆汁、蛋白、鳳梨汁
194

哈瓦那騾子
Havana Mule
古巴蘭姆酒、鳳梨糖漿、萊姆丁、薑汁啤酒、哈瓦那咖啡香精
66

殭屍 Zombie
四種不同口味蘭姆酒、瑪拉斯奇諾黑櫻桃利口酒、葡萄柚
113

果香味雞尾酒

三葉草俱樂部
Clover Club
琴酒、紅石榴、新鮮覆盆子、檸檬汁、蛋白
154

為了方便你尋找，這裡有一系列能夠依照你的材料和口味製作的雞尾酒。
還標示頁碼對應各個酒譜在書中的所在處。

四季皆有專屬的雞尾酒

春季

四月
酪梨、百香果、芒果

五月
酪梨、百香果、芒果、草莓

六月
酪梨、百香果、芒果、草莓、
櫻桃、覆盆子、紅醋栗、
荔枝、甜瓜、西瓜、蜜桃

夏季

七月和八月
櫻桃、草莓、覆盆子、百香果、
紅醋栗、荔枝、芒果、甜瓜、
黑莓、藍莓、西瓜、蜜桃

九月
杏仁、櫻桃、椰棗、無花果、草莓、
覆盆子、百香果、紅醋栗、荔枝、
芒果、甜瓜、黑莓、藍莓、榛果、
西瓜、蜜桃、梨子

百香果馬丁尼
101
諾曼第之吻
192
覆盆子馬丁尼
101
西瓜馬丁尼
101
西瓜斯瑪旭
81
三葉草俱樂部
154

淡香水
170
古巴斯瑪旭
109
荊棘
150
貝里尼
125
覆盆子貝里尼
125
皮姆之杯
93
S女士
81
蜜桃潘趣酒
195

當季水果非常適合用來自製糖漿、果泥和某些酒漬水果。
使用新鮮的當季水果，還可以大幅增加某些雞尾酒的風味。

秋季

十月
酪梨、椰棗、無花果、百香果、
荔枝、芒果、蘋果

十一月
酪梨、椰棗、無花果、百香果、
荔枝、芒果、柳橙、蘋果、石榴、金桔

十二月
鳳梨、酪梨、石榴、金桔、
柳橙、血橙、葡萄柚、蘋果

冬季

一月和二月
鳳梨、酪梨、椰棗、石榴、百香果、
荔枝、葡萄柚、柳橙、血橙、蘋果

三月
鳳梨、酪梨、椰棗、百香果、
芒果、血橙、葡萄柚、蘋果

自序

我的經歷

我的酒吧經驗起步稍晚，直到 25 歲時，我才調製了自己的第一杯雞尾酒。多虧我的第一位酒吧恩師路易・博赫克（Louis Bohec）之助，我才得以進入雷恩的技職學院，在 2006 年至 2007 年間修習調酒師專業文憑。

我的第一位酒吧經理菲利普・普魯斯特（Philippe Proust）經常向我談論世界調酒之都——倫敦，尤其是談及他服務兩年的薩伏伊飯店（Savoy Hotel），那裡有世界上最棒的飯店酒吧。他定期借我看他的聖經《薩沃伊雞尾酒大全》（Savoy Cocktail Book），隨著時光飛逝，它早已成為我的參考書。在 2007 年完成培訓之後，為了成為職業調酒師，我聽從同行的建議前往倫敦。我和約安・拉扎雷斯（Yoann Lazareth）在倫敦的雞尾酒吧 Akbar 共事兩年，這間當時被評比為世界上最優秀的雞尾酒吧，我從他身上學到世界級的酒吧文化。

2008 年 9 月，感謝英國調酒師公會（United Kingdom Bartenders Guild）副主席盧卡斯・科迪格利耶里（Lucas Cordiglieri），我們成為了協會的一員，這使我們得以結識倫敦酒吧和雞尾酒文化領域中最有影響力的人物，並參加了調酒業界的各式活動（雞尾酒比賽、烈酒品鑑、培訓課程等）。沒多久我便和約安・拉扎雷斯一起成立了「酒吧文化」，這是以英語撰寫、專為國際酒吧文化和雞尾酒而設的部落格。大約在這個時候，我開始書寫有關雞尾酒的文章，並培訓調酒師。2010 年返回法國後，我希望成立一個當代的酒吧和雞尾酒工作坊。在國際雞尾酒大賽的決賽中，我完全沒想到路易・博赫克會實現我的夢想：邀請我擔任調酒培訓師，在法國開設第一個具備專業資格證照（CQP，Certificat de qualification professionnelle）的調酒師培訓課程。當時在法國還沒有這類型的課程，因此它幫助了那些毫無酒吧領域經驗的人，讓他們取得企業和培訓中心一致認可的證照。

我的任務很簡單：藉由對酒吧和雞尾酒知識的不同理論和實作，分享我在倫敦的經驗。有關我剛從世界級酒吧所習得的一切，當時沒有任何教材：調酒技巧（乾搖盪、古巴滾動法）、當代雞尾酒、第三次的雞尾酒黃金時代等等。因此，後續的寫書計劃變得理所當然。而最早鼓勵我書寫雞尾酒課的人，便是我的學生們。

你將從這本書挖掘

《大師調酒課：超過 300 種人氣酒譜 X 經典技法，打造世界級雞尾酒圖解全書》是我多年來的教學精華。我並不是要編寫最好的雞尾酒酒譜，或是主打我自己的酒譜，而是以教學和練習的方式，向大家介紹一門新穎的調酒知識課程。從調酒工具和調製技巧的章節開始，逐步踏入調酒學世界，有助各種業餘愛好者和專業人士，由簡入深地輕鬆練習不同技術。

當然，隨著課程的進展，你會逐漸探索許多酒譜：18 至 19 世紀之間出現的不同雞尾酒種類；在美國禁酒令期間，發源於古巴和歐洲並發揚光大的經典雞尾酒，以及當代的雞尾酒，讓你興味盎然。此課程還將引導你深入品飲世界，例如比較莫希托與老古巴人（Old Cuban）之間的差異性，並理解調飲的發展過程。

《大師調酒課：超過 300 種人氣酒譜 X 經典技法，打造世界級雞尾酒圖解全書》讓你輕鬆地實踐本書的課程內容，在經驗中找到適合自己的配方，以融會貫通不同的酒譜。無論是獨自一人、呼朋引伴，在酒吧或培訓中，都可藉由理論和實踐上進行廣泛的訓練，以成為一名真正的調酒師。

第一章

調酒工具和技巧

在本章節中，你將會探索調酒學的基礎知識，熟悉大多數雞尾酒調製的器具和方法。另外，酒杯和冰塊，是品飲雞尾酒最後成品時不可或缺的元素，你將學到如何選擇合適的酒杯類型以因應你想調製的雞尾酒，並領會調製和品飲不可缺少的冰塊種類。

當你掌握了這些不同的概念後，你就能繼續打造自己的迷你吧台，並且在這 12 週的課程中持續精進自己！

酒杯

一 適合短飲（開胃酒或消化酒）的酒杯

一款雞尾酒，首先是以視覺來品鑑。酒杯的選擇至關重要，因為它不僅可以強化飲料的視覺效果，還可以讓你鑑賞到酒的所有成分。在享用的過程中，酒杯的形狀、容量和大小，均扮演重要的角色。

第一小節將讓你區分裝盛雞尾酒的不同類型酒杯。挑選雞尾酒杯，跟挑選啤酒、葡萄酒或香檳杯一樣的重要。

馬丁尼杯 Verre Martini

當第一款開胃雞尾酒在 19 世紀中發源於美國時，它們被裝在球型高腳杯（gobelet glass）中。接近 1890 年代末期，口徑較寬的梯形酒杯逐漸取代了這種圓形高腳杯，杯子的外觀越來越像 20 世紀初期的馬丁尼杯。

馬丁尼杯（亦稱雞尾酒杯）很有可能源於 1925 年代的巴黎現代工業和裝飾藝術國際展覽會（裝飾藝術的源起），接著流行於歐洲。第二次世界大戰後，馬丁尼杯成為伏特加馬丁尼雞尾酒的代表，藉由富蘭克林‧德拉諾‧羅斯福，以及伊恩‧弗萊明（詹姆斯‧龐德系列小說作者）在美國和英國的強力推廣之下，直到 1990 年代仍歷久不衰。

最後，一種新世代馬丁尼（New Age Martini）在 2000 年代初期開始風行：這是一款帶有果香，內含新鮮水果、果汁及果泥，盛裝在大容量雞尾酒杯的短飲雞尾酒。馬丁尼杯遂演變為兩種外形：

- 普通馬丁尼杯，140 ml，適用於如曼哈頓、不甜馬丁尼、側車等雞尾酒。
- 大馬丁尼杯，210 ml，適用於如柯夢波丹（Cosmopolitan）、西瓜馬丁尼等雞尾酒。

馬丁尼杯的形狀有助於嗅聞雞尾酒的香味，細長的杯腳讓人飲用時不會影響酒的溫度。裝在這個酒杯裡的雞尾酒通常是純飲——除了果汁機製成的冰沙和雙層雞尾酒杯中的碎冰之外——也不附吸管。

碟型香檳杯

相傳，碟型香檳杯的造型是仿 18 世紀法國女王瑪麗‧安托瓦內特（Marie-Antoinette）的胸部而製。直到 1920 年代，碟型香檳杯都是用來盛裝香檳的杯子，後來在 1930 年代被笛型香檳杯取代。儘管它歷史悠久，但直到 2000 年代才盛行於調酒界。

2008 年，倫敦最棒的雞尾酒吧採用了碟型香檳杯來裝盛雞尾酒：蒙哥馬利廣場（Montgomery Place）、朗斯代爾（Lonsdale）、玩家（The Player），並且迅速流行於國際。在此一時期，復古雞尾酒，如飛行（Aviation）、三葉草俱樂部、臨別一語在酒吧重出江湖，地下酒吧同樣蓬勃發展。這是紐約酒吧「牛奶與蜜」（Milk & Honey）所帶動的復古風潮，它在 1990 年後期由薩莎‧彼得拉斯基（Sasha Petraske）創立。

21 世紀，碟型香檳杯成為調酒師標準的雞尾酒杯。在後面篇章會看到，半數的經典雞尾酒是裝在馬丁尼杯（20 世紀的雞尾酒杯）中，而另一半的當代雞尾酒則使用碟型香檳杯。

這種杯子演變為兩種外形：

- 小碟型香檳杯，120 至 140 ml，適用於如本森赫斯特（Bensonhurst）、千里達（El Trinidad）雞尾酒、白內格羅尼（White Negroni）等雞尾酒。
- 大碟型香檳杯，約 210 ml，適用於如可可利馬（Coco Lima）、倫敦呼喚（London Calling）、老古巴人等。

調酒工具和技巧

① 不同雞尾酒杯的演變：球型高腳杯、馬丁尼杯、碟型香檳杯

② 以橄欖裝飾的
馬丁尼杯

③ 以百香果為裝飾的豔星
馬丁尼（Pornstar Martini）

④ 小碟型香檳杯

⑤ 大碟型香檳杯

古典杯

古典杯（也稱為威士忌杯、矮平底杯或 Rock 杯）19 世紀末發源於美國，其名取自一款經典的雞尾酒：是以波本威士忌為基酒的古典雞尾酒。

與一般純飲（即 straight up）的雞尾酒杯不同，使用古典杯時總是會加入冰塊飲用，「on the rocks」由此得名。在這兩種類型的酒杯中，盛裝所有我們稱作短飲的開胃酒和消化雞尾酒，即容量不超過 120ml 的雞尾酒。區分小、大古典杯是很重要的，前者適用於裝入 1-2 顆方形冰塊的烈酒；而後者則適合調製古典、老廣場（Vieux Carré）等雞尾酒，容量約為 320ml（建議使用重量較重、杯緣較厚的杯子）。最後，古典杯還適用於許多富有異國情調、帶有碎冰的雞尾酒，例如：卡琵莉亞（Caïpirinha）等。

在 2015 年，「古典」在全球前 100 名的雞尾酒吧中被評為「最熱賣的酒款」。在法國，每年 10 月都會舉行「古典雞尾酒週」（Old Fashioned Week），可說是慶祝這個最代表性雞尾酒的絕佳方式！

鬱金香杯
Verre tulipe

雖然鬱金香杯（也稱為品酒杯）不用來盛裝雞尾酒，但必須儲備一些來品飲烈酒。鬱金香杯的形狀非常適合分析蒸餾酒的品質，它能夠讓香氣更容易釋放並欣賞到酒的全部色香味。在調製雞尾酒之前，用它熟悉組成成分是很重要的。

要品嚐一杯烈酒，拿取一只鬱金香杯，倒入 20ml 烈酒。品酒分為三個步驟：

① **視覺分析**（觀察酒的顏色和成分）；

② **嗅覺分析**（嗅聞烈酒的香氣）；

③ **味覺分析**（感受烈酒的質感和尾韻）。

想成為調酒師，這個嗅覺和味覺學習過程便相當重要，因為它對調製雞尾酒大有助益。藉由嗅聞新烈酒釋出的香氣，激發新雞尾酒的創作靈感，是常有之事。人們經常混淆品酒杯與俗稱聞香杯（Snifer）的短腳渾圓酒杯，後者常見於大多數的酒吧，它的形狀讓你無法像鬱金香杯一樣品飲烈酒。聞香杯必須用來裝盛加入冰塊的利口酒，如貝禮詩奶酒（Bailey's）、薄荷酒（Menthe-Pastille）……等。總之，鬱金香杯是適合品嚐陳年蒸餾酒的酒杯，如：干邑白蘭地、雅馬邑、陳年蘭姆酒等。它的理想容量約 160ml。

朱莉普杯 Julep cup

這個矮圓形金屬杯的名字源於最古老的雞尾酒種類之一，即「朱莉普」。於 1800 年早期出現在美國肯塔基州。朱莉普系列雞尾酒可以在同名酒杯（金屬或銀製材質）中直調，其成分包含烈酒、糖和薄荷葉，鋪滿碎冰，以一小束薄荷裝飾後端上桌。薄荷朱莉普（Mint Julep）是最受歡迎的一道酒譜，它以波本威士忌為基酒。飲用時使用兩根吸管；或是用俗稱朱莉普隔冰匙的濾匙隔絕冰塊，使品飲更容易。傳統上，朱莉普杯用於各種典禮儀式。每位新任美國總統都會收到刻有自己姓名縮寫的朱莉普杯。有些銅製杯獨具特色，一個杯子可能售價上千歐元！容量約為 350ml。

其中薄荷朱莉普已經成為肯塔基州賽馬比賽（肯塔基德比，Kentucky Derby）的官方指定雞尾酒，每年幾乎都會喝掉 12 萬杯的薄荷朱莉普。

古典杯、鬱金香杯和朱莉普杯

注意
勿使用這個杯子品嚐烈酒

1 古典杯

2 鬱金香杯

3 聞香杯

4 朱莉普杯

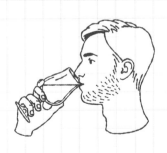

5 朱莉普隔冰匙

1 視覺分析
為了挖掘酒的顏色和成分

2 嗅覺分析
為了挖掘烈酒的香氣

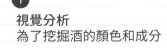

3 味覺分析
為了挖掘烈酒的質感和尾韻

➋ 適合長飲（隨時皆可飲用的清涼飲料）的酒杯

葡萄酒杯 Verre à vin

葡萄酒杯不僅用來喝葡萄酒，也適用某些雞尾酒，例如：桑格麗（Sangaree）、斯比滋（Spritz）、琴通寧（Gin Tonic）和淡香水（Eau Fraîche）。

桑格麗是一個古老的雞尾酒種類，1800 年代初期發源於英屬西印度群島。使用直調法，通常由加烈葡萄酒（Vin Muté）、烈酒和糖組成。飲用時鋪在碎冰上，佐以肉豆蔻粉（參見第十課，第 77 頁）。

在海外，葡萄酒杯常用來盛裝斯比滋白葡萄酒（White Wine Spritzer），這是一種在北歐非常受歡迎的雞尾酒（由 60ml 不甜白葡萄酒和 60ml 氣泡水製成）。近年，有一種類似的雞尾酒也在法國酒吧和餐廳戶外座非常流行，它是由艾普羅、不甜白葡萄酒和蘇打水組成的艾普羅斯比滋。在短短的 5 年中，斯比滋躍升和莫希托一樣受歡迎的地位。

如今，白酒專用杯（球型杯）也適用來裝盛琴通寧。這種消費方式在西班牙（琴酒在歐洲最熱銷的國家）非常流行，將琴通寧裝在鋪滿冰塊、佐以香料的球型杯中，引領了時下風潮。在專門介紹當代雞尾酒的章節中，你將會發現一款直接在葡萄酒杯調製的雞尾酒——淡香水，藉由當代調飲技巧來重新認識古老的蘇茲龍膽利口酒（Suze）。它的容量是 250ml。

笛型香檳杯

笛型香檳杯適合裝盛香檳和以香檳為基底的雞尾酒。笛型香檳杯應是在 1930 年代發源於法國，由於它更加凝聚氣泡酒的氣泡，讓人能更細膩地品嚐酒的風味，逐漸取代了碟型香檳杯。它的容量約為 170ml。

香檳雞尾酒（Champagne Cocktail）是最受歡迎、以香檳為基底的一款調酒。它特別適合裝在一個不過高也不矮的笛型杯中。杯腳方便持杯且不使香檳的溫度上升，讓它維持冰涼。當你將香檳雞尾酒倒在笛型杯中時，請留意要徐徐地注入氣泡酒。如果需要使用攪拌棒，攪動時同樣要一絲不苟地輕柔。

裝盛於葡萄酒杯的
桑格麗

以大尺寸球型杯裝盛、
佐以香料的琴通寧

笛型香檳杯

托迪杯 Verre Toddy

托迪杯用來盛裝熱飲雞尾酒（參見熱飲雞尾酒章節）。它的手柄能夠握持玻璃杯而不會燙手。在法國山區的滑雪場，托迪杯常被用來盛裝格羅格酒（Grog）。另一種大受歡迎的熱飲雞尾酒則是愛爾蘭咖啡（Irish Coffee）。托迪杯可以是玻璃製或是金屬製，其容量約 250ml。

高球杯 Highball

高球杯，也稱為高平底杯或柯林斯杯（Collins），是調製長飲雞尾酒（非濃縮果汁或蘇打水）必備酒杯。它的名字取自 19 世紀末發源美國的一款雞尾酒類型，當中最受歡迎的是自由古巴（Cuba Libre）和高球白蘭地（Brandy Highball），理想容量約 350ml。最好選擇一個不太高且底部較寬的杯子。高球杯可用來裝盛許多長飲雞尾酒：紅鯛魚、德瑞克莫希托（Drake Mojito）……。

司令杯 Verre Sling

如前面所提，某些酒杯的名稱與雞尾酒種類相關（古典、馬丁尼、高球……）。司令杯與一款被遺忘已久的雞尾酒類型——18 世紀末發源於美國的司令雞尾酒——已經沒有太大關係。司令雞尾酒的材料由烈酒、糖、無氣泡的水和肉豆蔻磨粉組合而成，可以冷飲或熱飲。最受歡迎的酒為琴司令（Gin Sling）。它的酒譜隨著時間不斷演變，在 19 世紀下半時加入檸檬，並且可使用無氣泡水或蘇打水（有時甚至是薑汁汽水）。

在 1910 年代，嚴孫文（Ngiam Tong Boon）在新加坡萊佛士酒店（Raffles Hotel）的酒吧製作了一口杯司令酒（琴酒司令搭配櫻桃白蘭地利口酒）。此道酒譜在 1920 年代改名為新加坡司令（Singapour Sling）。自那時起，這道長飲已成為經典的雞尾酒，並且在世界各地與司令杯之名相連。司令杯亦稱為皮爾森啤酒杯（Pilsner），適合裝某些啤酒。它的容量約為 350ml。

提基杯 Verre Tiki

提基杯（Tiki）得名於某個具異國情調、1930 年代發源美國的雞尾酒種類。它的崛起主要歸功於兩個酒吧傳奇人物：暱稱為唐·畢奇，Don Beach）、發明殭屍（Zombie）的歐內斯特·雷蒙德－甘特（Ernest Beaumont-Gantt），以及暱稱為維克商人（Trader's Vics）、發明邁泰雞尾酒（Mai Tai）的維克多·朱爾斯·貝傑龍（Victor Jules Bergeron）。在 1960 年代，提基類雞尾酒在美國廣受歡迎。提基雞尾酒是由許多種類的蘭姆酒作為基底和熱帶水果汁組合。它以雪克杯或果汁機調製，裝滿碎冰後端上服務。

提基雞尾酒是玻里尼西亞文化的象徵，它們裝在杯身刻有女神像的陶製酒杯中，代表神靈的庇佑。近十年來，提基文化重新掀起風潮，以令人驚嘆和神祕的蘭姆酒為基酒，持續吸引新愛好者。提基杯的容量約為 350ml。

托迪杯

高球杯

司令杯

提基杯
典型的夏威夷文化！

總結

雞尾酒杯（馬丁尼杯或碟型杯）、古典杯和高球杯，是你剛入門時的三大必備酒杯，它們能夠完成無數經典和當代的雞尾酒。

調酒師的工具

一 準備工作的器具

製作雞尾酒不可或缺的調酒工具有哪些？應該選擇附或不附鉤的隔冰匙呢？雪克杯有哪些不同種類？吧叉匙的功能為何？無論你是雞尾酒吧的調酒師，或是在家為友人舉辦雞尾酒派對，對製作雞尾酒的場地和工具都不能馬虎。

工作圍裙

對於準備工作而言，圍裙是必備的，這也是調酒師調製雞尾酒時所穿著的服裝。

砧板

它的長寬應約為 30cm 乘以 25cm，用來切小顆柑橘類水果和許多熱帶水果。

手套

準備薄荷和擠壓柑橘類水果時的必備工具。

檸檬榨汁器
Lime squeezer

這個吧台器具很好用，能夠榨取萊姆（和小顆檸檬），在準備工作和調製雞尾酒的過程中，都不

檸檬榨汁器

可或缺。它適用於為特別的派對預先榨一瓶檸檬汁，也可以只榨取單顆檸檬來調製雞尾酒。一顆小萊姆的檸檬汁為 20ml，一顆檸檬等於 40ml。檸檬榨汁器應源自巴西，用作擠榨百香果汁。使用時只需將半顆檸檬（橫向切開）放入檸檬榨汁器中，果皮朝上，而後用力擠壓，並將汁液集合在下方放置的杯子即可。

果汁壺 Store' n pour

果汁壺能夠保存果汁數天，在調製雞尾酒時，有助於快速倒果汁。使用前記得先將瓶子搖動均勻，因為果汁靜置的時候，果肉和汁液會分離。當調製含有多種果汁的雞尾酒時，果汁壺絕對必備，瓶身的握持不但順手，它的壺嘴比起瓶裝果汁的流量控制更加順暢、更精準。此外，它是擠壓檸檬汁時的絕佳保存容器，也是酸甜汁（Sweet & Sour，由鮮榨檸檬汁和蔗糖糖漿混合而成，可以在冰箱中保存 5 至 6 天）的理想容器。最後記得果汁壺必須存放在冰桶中。

果汁壺

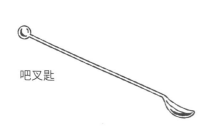

吧叉匙

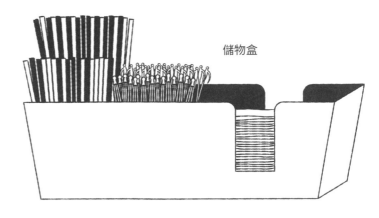

儲物盒

柑橘類水果榨汁器

有手動或電動類型，可萃取橘子或葡萄柚汁。

700ml 的瓶子

盛裝大量鮮榨檸檬汁。

極細密雙層過濾網（濾斗）

它能過濾鮮榨的果汁肉渣。在擠壓檸檬並把果汁倒入瓶中之前，使用一個小篩網除掉果肉是極為重要的。

吧叉匙

它是調酒師在製作雞尾酒的所有階段中都必備的工具。在設置吧台時，它不但適用各種準備工作，例如攪拌；還可以試嚐自製的材料（滴一小滴在你的手上）。最後，它的杵狀端可用來勺起精細篩網殘留的汁液（例如用來製作紅石榴糖漿的新鮮紅石榴等）。

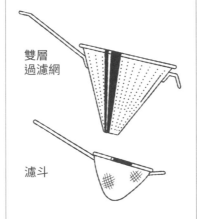

雙層過濾網

濾斗

苦精瓶和它的壺嘴

儲物盒 Caddy de bar

放在你的工作區域附近，方便隨手拿取吸管（大小尺寸）、一些攪拌棒、紙巾或杯墊。

苦精瓶

小巧的尖嘴瓶，能夠精確計算烈酒的份量，例如夏特勒茲（Chartreuse）、苦艾酒和濃縮的苦酒，如安格仕苦精。

其他還有

碎冰錐、冰桶、侍酒器、小手提箱或袋子（用於存放和托運設備，視需要而定）、製冰盒（請參閱第三課的冰塊）、磅秤（以便在家製作材料）、紙巾、餐巾布、抹布等。

二 調製雞尾酒的工具

不同種類的雪克杯

在累積經驗的過程中,每個調酒師都需要熟悉各種類型的雪克杯,然後才能找到最適合自己的搖杯。

波士頓雪克杯

波士頓雪克杯是美國最古老的搖酒器,也是雞尾酒界最常見的搖酒器。波士頓雪克杯由玻璃杯、不鏽鋼或銀製杯(稱為 Tin 杯)組成。材料應倒入玻璃調酒杯[9],而 Tin 杯[10] 應裝入冰塊至四分之三杯滿。

波士頓雪克杯比歐陸雪克杯更具美感,因為「搖酒」時,能讓人一眼望穿杯中雞尾酒的乳化過程,這點深受酒客的好評;玻璃杯身還能讓人觀察傾倒液體,或是果肉疊放的過程。使用波士頓雪克杯的調酒師通常使用一種特殊隔冰匙:暱稱「貓舌隔冰匙[11]」(passoir à langue de chat),後者無法覆蓋在歐陸雪克杯的杯口。不過波士頓雪克杯的玻璃材質讓杯身相當脆弱,這種雪克杯易碎,容量也比歐陸雪克杯小。最後,即使上下部分均已扣緊,但搖盪的壓力仍會造成杯子微略鬆開。例如某些有乳化作用的雞尾酒——噴火戰鬥機(Spitfire)。

1990 年代雞尾酒復興時,雪克杯在倫敦普遍流行;而後在 2007 至 2008 年,當最早的某幾間當代雞尾酒吧在里昂和巴黎開業時,才傳入法國。近年來,隨著波士頓雪克杯不斷演變,調酒師逐漸少用玻璃製的波士頓雪克杯,而是使用兩個 Tin 杯,因後者的密封性更好,也更實用,讓人能夠雙手同時搖盪。目前它已成為調酒師最愛不釋手的雪克杯款。

歐陸雪克杯 / 法式雪克杯

歐陸雪克杯也以「巴黎雪克杯」聞名,源於二十世紀初的歐洲。它不像波士頓雪克杯普及,長久以來為大型飯店的酒吧所專用。歐陸雪克杯和波士頓同樣為兩件式,只不過杯身是不鏽鋼或銀製,上蓋用來倒入材料,底杯裝冰塊。它的理想容量為 1L,與波士頓杯的差異在於能製作三或四杯短飲,或是兩到三杯長飲。主要缺點是價格比波士頓杯貴兩到三倍。最重要的是,歐陸雪克杯需要嫻熟技巧才能正確使用。

波士頓雪克杯

歐陸雪克杯

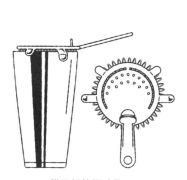

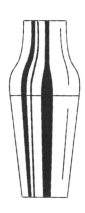

上杯身為玻璃製　　　上杯身為不鏽鋼或　　　貓舌般的隔冰匙
　　　　　　　　　　銀製(兩個 Tin 杯)

[9] 又稱為上杯　　　　　[10] 又稱為下杯　　　　　[11] 即霍桑隔冰匙。

三件式雪克杯

三件式雪克杯也稱為酷伯樂（Cobbler）雪克杯或是過濾型雪克杯。這是一般大眾最常使用的雪克杯種類。波士頓雪克杯和歐陸雪克杯是專業型的搖酒器，有時候需要經過數個月才能嫺熟搖杯的技術。三件式雪克杯不需要靈活的技法，它附帶的過濾器能輕鬆將杯身的材料倒進酒杯中。這通常是剛入門的調酒師所使用的雪克杯類型。如果你已經備有一個三件式雪克杯，並想用它來製作書中的雞尾酒，絕對沒有問題，但是我建議你找一支霍桑隔冰匙和一個細密濾網，以便調製出更美味的雞尾酒。

備註 亞洲職業調酒師多使用三件式雪克杯，為了調出與波士頓或歐陸雪克杯相近的品質，他們已經發展出一種非常特殊的搖盪技巧（硬搖盪）。日式硬搖盪技法在 2008 年首次現身倫敦，過去十多年亦盛行於歐洲。

果汁機 Blender

它是調製鳳梨可樂達（Piña colada）、冰沙和某些無酒精飲料的必備工具。霜凍類調酒就是把碎冰放入果汁機打製成的雞尾酒，源於 1910 年代古巴著名的佛羅蒂妲酒吧（La Floridita），後者是公認的霜凍黛綺莉發源地。

攪拌杯 Mixing glass

攪拌杯是調酒師調製餐前雞尾酒和某些餐後雞尾酒的必備酒吧工具。經典攪拌杯容量至少700ml，有一個小傾注口，可把混合材料「濾」至裝盛的酒杯中，這裡指的是藉由隔冰匙或精細濾網，濾出攪拌杯或雪克杯中的混合材料。必須依據攪拌杯的大小，搭配合宜的隔冰匙。攪拌杯能夠同時製作 2 至 3 杯雞尾酒。波士頓雪克杯的玻璃杯能充當攪拌杯使用，但它的杯型無法調出與標準攪拌杯一樣品質的雞尾酒。適合攪拌杯的隔冰匙為朱莉普隔冰匙，或小尺寸的霍桑隔冰匙。

吧叉匙

它被稱作 bar spoon 或攪拌匙，是調酒師愛不釋手的工具，在調製雞尾酒的所有階段中都不可或缺。經典吧叉匙為不鏽鋼、銀或銅製，呈螺旋狀，長約 30cm，帶有杵狀端。可在酒杯中直調材料，將酒液混合均勻（如美國佬、德瑞克莫希托 ……）；或是用來搗壓香草，卻不會壓碎葉面，例如德瑞克莫希托或朱莉普雞尾酒。吧叉匙也適用攪拌法調製的雞尾酒（如阿多尼斯、賽澤瑞克……）。它的容量等於 5ml，因此調酒師經常使用它來測量糖漿的劑量。

吧叉匙還能用來做分層調酒，如：歐陸酸酒（Continental Sour），即是小心翼翼從湯匙端直接注入酒液，使其流至杵端。

三件式
雪克杯

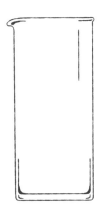

攪拌杯

以吧叉匙調製的
彩虹酒

苦艾酒冰滴壺和湯匙

苦艾酒冰滴壺非常優美，一如其名[12]，它依據美感的規則品飲（參見經典雞尾酒一課——苦艾酒冰滴）。用苦艾酒匙來完成冰滴的步驟為：將酒匙水平置於杯口，在上方放一顆方糖，藉由冰滴壺的龍頭水滴慢慢溶解[13]。某些調酒師會使用酒匙來燃燒方糖[14]。

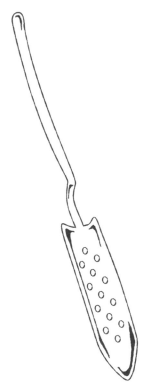

苦艾酒匙

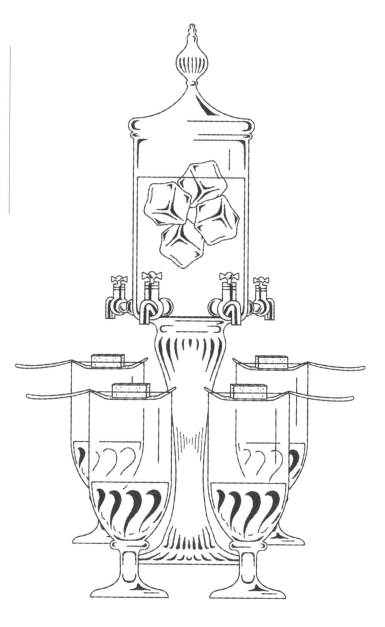

苦艾酒冰滴壺

---

[12] 苦艾酒冰滴壺（Fontaine à absinthe）在法文中有酒泉之意。

[13] 傳統法式飲用法。

[14] 波西米亞式飲用法。

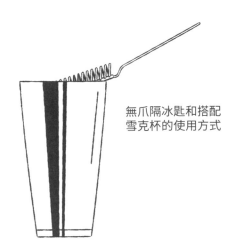

無爪隔冰匙和搭配
雪克杯的使用方式

隔冰匙

無論是用搖盪法或攪拌法來調製
雞尾酒，隔冰匙都非常重要。要
倒入混合材料至酒杯時，可以用
它過濾冰塊。隔冰匙有各種類型，
但我建議你使用無爪（無耳邊）
的隔冰匙。這種隔冰匙適用所有
類型的雪克杯（最好不要使用專
門搭配波士頓雪克杯的霍桑隔冰
匙，它不夠牢靠）。無爪隔冰匙
只能搭配歐陸雪克杯或是標準攪
拌杯。隔冰匙還能瀝掉雪克杯或
攪拌杯的融水（參見第四課）。

朱莉普隔冰匙

最初，這種小濾匙是專用來品飲
朱莉普雞尾酒（是一款用圓金屬
杯裝滿碎冰的短飲）。 21 世紀
時，朱莉普隔冰匙主要用在以攪
拌法調製的雞尾酒，它的形狀和
大小比霍桑隔冰匙能更細緻地過
濾冰塊。

細密濾網 / 雙層過濾網
double strainer

被調酒師稱為雙層過濾網，它是
必備的吧台工具，用來過濾以搖
盪法調製、不附吸管的短飲調
酒。它能過濾隔冰匙無法隔絕的
細碎冰塊，讓酒的風味更均勻，
霜凍黛綺莉就是最佳的例子。它
讓含有草葉的雞尾酒喝起來更順
口，例如老古巴、羅勒斯瑪旭。
它的濾孔必須越細緻越好（如濾
茶漏斗）。細密濾網同樣能篩除
果肉。

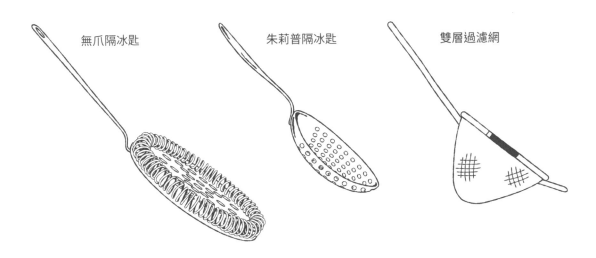

無爪隔冰匙　　　　　　朱莉普隔冰匙　　　　　　雙層過濾網

量酒器

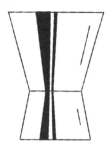

酒嘴

攪拌棒

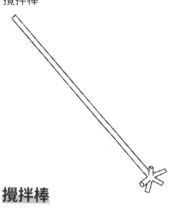

量酒器 Jigger

量酒器可以精確測量酒譜的飲料成分。它有不同的形狀和尺寸，本書中的酒譜以毫升（ml）表示，是業界中最精確且最普遍流傳的測量單位。一個量杯的容量等於 50ml，半杯相當於 25ml。因此我建議你使用英式雙頭量杯（50 / 25 ml），這讓你能夠調配本書大部分酒譜的份量。在法國，量酒器主要用於測量餐後酒的份量，一杯容量為 40ml，半杯為 20ml。在第四課，你會發現更多關於傾倒材料的方式與技法的細節。

酒嘴 pourer

它有助於更精確、更迅速地倒出酒液。每秒 10ml 的流速（倒入 50 ml 需要 5 秒鐘），當我們需要同時調製好幾杯飲料時，它能夠加快效率。適用所有規格的酒瓶，spill stop 是參照的標準（請參閱第四課）。

調酒搗棒

調酒搗棒有兩種類型：扁平型或齒狀型。扁平搗棒（形狀像擀麵棍）用於搗碎所有香草、水果和蔬菜。它比齒狀搗棒更有效，因為搗壓時不會輾碎香草，例如莫希托調酒。齒狀型搗棒可用來榨取柑橘類果汁，它是搗碎生薑、蘋果的理想選擇。請選擇寬約 3 至 4cm 和至少高 25cm 的搗棒。非常適合用於威士忌斯瑪旭、雪莉酷伯樂等雞尾酒。

攪拌棒

來自法屬安的列斯群島，當地稱為「bois lélé」的小木棍，它能夠更有效率地攪拌小潘趣（Ti Punch）、四維索（Swizzle）種類的雞尾酒（參見雞尾酒家族一章）。

吧台墊

吧台墊適合調製雞尾酒時使用。調酒的時候，它可以充當調酒工作站，吸收水分並保持吧台的清潔。某些調酒師會用餐巾布取代。

扁平和齒狀調酒搗棒

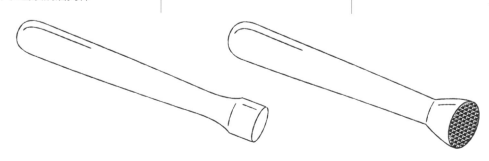

冰鏟

這是不鏽鋼製的勺子，可以讓人更輕易地舀出冰塊並放入雪克杯中。它的標準尺寸是寬 7cm、長 24cm。如果沒有冰鏟，可以用圓柱形金屬杯取代，但是永遠不要用手拿取冰塊哦。

冰塊夾

冰塊夾

它能夠用於輕易地夾取冰塊並放入玻璃杯中，還可以用來裝飾雞尾酒。

冰壺

用來沖淡蘭姆酒、或用來製作浸泡橙皮的伏特加酒的最佳工具……容量為 3 至 5L。

小型雞尾酒木桶

容量一般為 3L，它能夠用於陳釀某些類型的雞尾酒（請參閱調酒技術的章節）。

虹吸管

準備一些自製材料時可能會需要。

水果夾

非常適合以橄欖（如不甜馬丁尼酒）或酒漬櫻桃（如曼哈頓……）裝飾的雞尾酒。

肉豆蔻研磨器

用於裝飾某些系列雞尾酒（如桑格麗、菲力普、蛋酒等）和某些特定雞尾酒，例如白蘭地亞歷山大。

水果挖球器

為了固定扇形蘋果切片而使用的水果挖球器，多用來調製例如高級時裝（Haute Couture）、諾曼第之吻（Kiss from Normandy）等類型的雞尾酒。

削皮器

用來精細地削下柑橘類果皮，以便擠出並噴附皮油。檸檬皮、橙皮和葡萄柚皮是不甜馬丁尼、古典或倫敦呼喚等雞尾酒中不可或缺的一部分。

調酒噴霧器

用來噴「淡香水」等雞尾酒的噴霧器具。

其餘還有

雙層過濾網、砧板和蔬果刀。

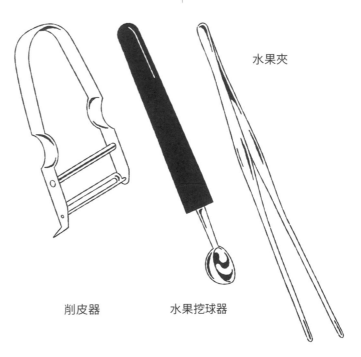

削皮器　　　水果挖球器　　　水果夾

第一課 練習題

練習一 複習調酒歷史和文化酒杯

❶ 根據傳說，哪個酒杯是仿法國女王瑪麗－安托瓦內特女王的胸部製成？

○ 笛型香檳杯　　　○ 馬丁尼杯　　　○ 碟型香檳杯

❷ 依據雞尾酒杯的類型，連連看它對應的時期和設計：

19 世紀 ●　　　● 🍷 ●　　　● 馬丁尼杯

20 世紀 ●　　　● 🍸 ●　　　● 球型高腳杯

21 世紀 ●　　　● 🍷 ●　　　● 碟型香檳杯

練習二 是非題

❶ 司令杯外型與皮爾森啤酒杯相似。	❷ 碟型香檳杯容量為 210ml。	❸ 鬱金香酒杯非常適合品嚐雞尾酒。	❹ 一杯純飲的雞尾酒通常會加入冰塊飲用。
○對　○錯	○對　○錯	○對　○錯	○對　○錯

練習三 依據以下雞尾酒種類，選出它們使用的酒杯。

殭屍 ●　　　● 高球杯

自由古巴 ●　　　● 葡萄酒杯

格羅格酒 ●　　　● 提基杯

琴通寧 ●　　　● 托迪杯

側車 ●　　　● 古典杯

薄荷朱莉普 ●　　　● 碟型香檳杯（小）

老廣場 ●　　　● 朱莉普杯

千里達雞尾酒 ●　　　● 馬丁尼杯（小）

練習四 回答下列問題

❶ 鬱金香杯的功能為何？

❷ 為什麼我們總是要從杯腳來握持雞尾酒杯？

第二課 練習題

練習一 測驗你的知識

以適當的詞彙填入以下段落：

檸檬榨汁器 ● 果汁壺 ● 酸甜汁 ● 吧叉匙 ● 波士頓雪克杯

圍裙 ● 歐陸雪克杯 ● 三件式雪克杯 ● 攪拌杯

每個調酒師在服務時必須穿戴........................。........................在調製雞尾酒的所有階段中不可或缺。以........................調製的雞尾酒會比........................調製的雞尾酒品質更佳。霍桑隔冰匙非常適合以........................調製的雞尾酒，但是朱莉普隔冰匙能用來過濾以........................調製的雞尾酒。........................是檸檬汁和糖漿的混合飲料。在事前準備雞尾酒材料的時候，調酒師會使用........................榨檸檬汁，並將檸檬汁倒入................中。

練習二 選出正確答案

❶ 以下哪個量酒器（jigger）的容量最能精確調製出本書的酒譜？

○ 20ml ／ 40ml　　○ 25ml ／ 50ml　　○ 30ml ／ 60ml

❷ 哪種隔冰匙最適用於歐陸杯？

○ 朱莉普隔冰匙　　○ 無爪隔冰匙　　○ 霍桑隔冰匙

❸ 哪一種是調酒師最常使用的雪克杯類型？

○ 由金屬杯和玻璃杯組成的波士頓雪克杯
○ 歐陸雪克杯
○ 由兩個金屬杯組合而成的波士頓雪克杯

❹ 我要製作三杯長飲雞尾酒。我該使用哪一種雪克杯？

○ 波士頓雪克杯　　○ 歐陸雪克杯　　○ 三件式雪克杯

❺ 在哪一種情況下，我必須使用雙層過濾網？

○ 為了過濾以雪克杯調製、且不附吸管的短飲雞尾酒
○ 為了過濾以攪拌杯調製的短飲雞尾酒
○ 為了過濾以雪克杯調製的長飲雞尾酒

❻ 吧叉匙的五個功能為何？

○ 過濾　　○ 攪拌　　○ 搗壓　　○ 雙層過濾　　○ 計量
○ 搖盪　　○ 做不同的調酒分層　　○ 刮掉濾網的果渣

❼ 哪一種隔冰匙適用所有類型雪克杯？

冰塊

冰塊不僅可以讓混合材料保持冰涼，還可以提供必要的稀釋度，增強烈酒的風味。因此，冰塊的品質對於雞尾酒的外觀、新鮮和顏色有決定性的影響。雞尾酒的外觀，不僅取決於盛裝的玻璃酒杯和組成的材料，還取決製作所使用的冰塊類型。調酒師必須學會掌握不同類型的冰塊，靈活調製出純飲、霜凍或是盛裝冰塊的雞尾酒。

備註
本書的每道酒譜皆標示了所需的冰塊類型。

方冰塊

在法國，許多雞尾酒酒吧都具備專業的製冰機以製作雞尾酒。他們通常偏愛約 30 至 50g 的完整立方體冰塊。方冰塊最常用來製作純飲或是加冰的雞尾酒。在其他國家，冰塊（方冰塊和碎冰）通常裝在袋子中運送至酒吧的冷凍庫。某些酒吧製作由他們自己切鑿的冰塊，以便創造個性化的雞尾酒。

碎冰

碎冰是許多雞尾酒類型（如提基、四維索 [15]、朱莉普、酷伯樂、桑格麗）和經典調酒（如荊棘或卡琵莉亞）中不可缺少的成分。想要調製這些飲料的酒吧必須配備專業的碎冰器；而市面上出售的小型碎冰器無法提供優質的碎冰。這種碎冰適合加進某些餐後酒飲用，但不適合拿來調製雞尾酒，因為會導致過度稀釋。一些酒吧會使用手鑿冰：使用杵棒，把一個或數個方冰塊打碎，如此一來可以減少稀釋，但這需要一定的準備時間。

備註 如果你想調製含有碎冰的雞尾酒，最好直接向備有專業機器的酒吧取得。

關於冰塊

無論是使用機器或製冰盒製作的自製冰塊，它適宜的尺寸必須至少高 3cm、寬 3cm、長 4cm；合宜的重量是 30 到 40g。即使你製作相同的雞尾酒，冰塊也不應該重複使用。

使用搖盪法、攪拌法或直調法調製的雞尾酒各需要多少冰塊的量呢？

- **搖盪法或攪拌法**：大約 200g，等同 5 至 6 顆冰塊。
- **直調法**：大約 90g，等同 2 至 3 顆冰塊。

---

[15] 四維索，即 swizzle（攪拌）音譯，又稱碎冰型雞尾酒。

自製冰塊

動手做自己的冰塊

要在家製作雞尾酒，無需購買專業的製冰機，冰箱的冷凍庫綽綽有餘！使用冰錐能夠敲碎冰磚，以獲得尺寸差不多均一的方冰塊。

如果你要舉行雞尾酒派對，可以購買製冰盒（立方體形）來節省前置作業時間。

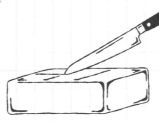

步驟 一
理想的做法是你使用一個製冰盒或是盒子，放置在冰箱中至少 24 小時來製作一或多個冰磚。

步驟 二
接著，使用刀將冰磚劃成小方冰塊的形狀。

步驟 三
而後使用冰錐切開冰磚，便能得到每個約 30 至 40 克的方冰塊。

冰塊可以提前準備。
當保存在冷凍庫中時，必須蓋上一層保鮮膜，避免與其他食物接觸。
理想的冰塊是當它從冰箱中取出時，呈現為乾硬（黏在手上）且高透明的狀態。
想讓冰塊的品質越純淨，就必須使用礦泉水或過濾水。

 加入方冰塊以及
加入碎冰的雞尾酒

 加入冰塊的雞尾酒，以及純飲雞尾酒
——指在攪拌杯或雪克杯冰鎮後，倒入另一個雞尾酒杯的飲用方式。

測量單位與倒酒技法

一 單位換算

為了讓你可以準確地掌握不同酒譜的份量，讓我們來看一下本書中的計量單位。依據書籍和國家，酒譜份量以十分之一、毫升（ml）、美式液量盎司（oz）或厘升（cl）來表示。國際上流通最廣的兩種單位為盎司和毫升。我選擇在此使用毫升，因為我認為它是能夠最精確、反覆調製的雞尾酒測量單位。在本課中，我還介紹了一些製作雞尾酒時不同的倒酒技術。

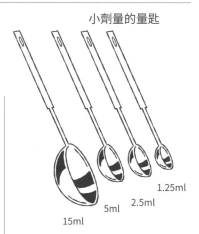

小劑量的量匙

15ml

5ml

2.5ml

1.25ml

毫升 ml & 厘升 cl

5ml= 0.5cl	45ml= 4.5cl
10ml= 1cl	50ml= 5cl
15ml= 1.5cl	55ml= 5.5cl
20ml= 2cl	60ml= 6cl
25ml= 2.5cl	65ml= 6.5cl
30ml= 3cl	70ml= 7cl
35ml= 3.5cl	75ml= 7.5cl
40ml= 4cl	80ml= 8cl

美式液量盎司 oz

一美式盎司（oz）約等於 30ml，而 2 盎司相當於 60ml。在右側頁面上列出了幾個轉換的單位，以便能夠調製出美國的酒譜。

美式液量盎司 oz & 毫升 ml

2oz = 60ml

1.5oz = 45ml

1oz = 30ml

0.75oz = 22.5ml

0.5oz = 15ml

0.25oz = 7.5ml

份量

一份等於 50ml，這是本書中最常用的計量單位。它通常符合作為雞尾酒基底的蒸餾酒（例如：賽澤瑞克雞尾酒的 50ml 干邑白蘭地）份量。半份相當於 25ml，它通常等同檸檬汁、開胃酒和某些利口酒的份量。

抖振 trait

1 抖振或是 1 dash（對於烈酒而言）約等同於 7.5ml。這是調酒師為了計量某些味道強烈的烈酒、利口酒，有時候也包含糖漿等所使用的詞彙。例如：1 抖振綠色夏特勒茲、1 dash 丁香糖漿。對於像安格仕和裴喬（Peychaud）這樣的濃縮苦酒，在雞尾酒書上的 1 dash 實際上是指甩動一次或一滴的份量，因為苦酒的流速是以滴落的方式來計算。

甩動兩次瑪拉斯奇諾黑櫻桃利口酒約 15ml，甩動兩次安格仕苦精約 2.5ml，少了 7 倍。1 抖振中的劑量取決於所用的容器：為了更加精確，我建議你將苦精倒入苦精瓶中。

備註 8 dash 或是甩動 8 次的苦精等同一個吧叉匙的份量，即 5mll。

二 各國量酒器

英式量酒器

法式量酒器

美式量酒器

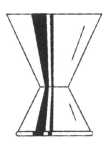

英式量酒器

英式量酒器由兩個量杯組成，每個部分對應一個容量：一個 shot 酒杯（半個量杯）等於 25ml，而另一個量杯為 50ml。Shot 酒杯在英國經常拿來裝盛高球雞尾酒。例如，當一位顧客點了一杯由蘭姆和可樂混合的雞尾酒，調酒師通常會詢問他：「單份或雙份？」意思是「加一個 shot 杯或是兩個 shot 杯的烈酒？」

法式量酒器

法式量酒器也由兩個部分組成，每個部分對應一個容量：2cl（一個嬰兒杯）和 4cl（「法式」量酒杯單位）。它是大飯店和酒吧中最常用來計量消化酒的量酒器（4cl 等於法國的法定酒精含量）；它在當代雞尾酒吧中反而不常被使用，因為用它調製雞尾酒的話會不夠準確。

美式量酒器

美式量酒器的兩個量杯分別是 1oz（1oz=30ml）以及 2oz（約 60ml）。它有兩種類型的容量：小的量酒器為 15ml 和 22.5ml，而經典量酒器為 1oz 和 2oz（即 30ml 與 60ml）。

日式量酒器

它的造型和美式量酒器幾乎一樣，容量單位也以盎司計算。這成為調酒師最常使用的量酒器，因為它有是最運用自如也是最具美感的量杯。它用於法國（4cl/ 2cl），也有用於英國的容量（50ml/ 25ml）。50ml/ 25ml 的日式量酒器能讓你精確地調製本書中絕大多數的雞尾酒。

吧叉匙

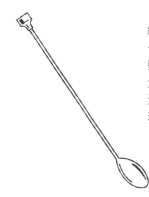

經典 bar spoon、茶匙或是吧叉匙的一匙等於 5ml，這是最常用來計算糖漿（1 bar spoon 的紅石榴糖漿）份量的單位，但也用於某些開胃酒和消化型利口酒，例如菲奈特布蘭卡利口酒（Fernet-Branca）。

日式量酒器

雞尾酒的倒酒技巧

每個調酒師都必須練習不同的倒酒方式，從最基礎至最複雜的動作都要純熟掌握。

酒瓶直接倒入法

觀測法（或稱直接倒入法）是餐旅技職學校教授的技巧。要掌握這門技術，調酒師必須以十分之一或是「份量」來計算。例如調製不甜馬丁尼酒時（用十分之八杯的琴酒，十分之二杯不甜香艾酒），他們會依據自己的攪拌杯或雪克杯容量作為基準。初學時，我不建議這種倒酒方式，這必須在酒吧積累多年經驗才能獲得要領。

備註 將一份量倒入 5 個不同的酒杯中，平均需要 15 秒。

使用量酒器的倒入法

使用量酒器倒酒的技巧，不須十分靈巧就能學會，這是最簡單的入門方法。你只需要學會一隻手握住酒瓶，另一手拿量酒器。依據你倒入的不同烈酒的結構和密度，從酒瓶倒入量酒器的過程必須細膩，以免滴下任何酒液。

備註 使用量酒器把一份量倒入 5 個不同的酒杯中，平均需要 19 秒。

使用酒嘴和量酒器的倒入法

這是最精準，也是最常被調酒師使用的倒酒方法。我建議使用這種倒酒技術來調製所有的雞尾酒，因為一旦上手，這個方式將更有效率，也更優雅。裝上酒嘴後，酒瓶的拿法不同，必須定期拿著裝滿水的酒瓶進行訓練，才能掌握這門技術。

備註 使用量酒器和酒嘴把一份量倒入 5 個不同的酒杯中，平均需要 22 秒。

使用酒嘴的直接倒入法 free pouring

直接倒入法（被調酒師稱作 free pouring）是指在不使用量酒器的方式下，倒入配方的各種份量。標準酒嘴（Spill-Stop）的流速約為每秒 10ml，因此使用酒嘴倒入 50ml 的容量，大約需要 5 秒鐘（若是法國量酒杯，則需要 4 秒鐘）。當你必須在派對上調數杯雞尾酒時，這個技巧非常管用。靈活熟練的調酒師便能在不使用量酒器的情況下，以單手甚至雙手並用倒入各種容量（15ml、25ml、40ml……）！這是最優雅的倒酒方式。鮮少有調酒師能夠完全掌握這些動作，沒有經過日積月累的練習，無法臨時展示直接倒入法。

備註 使用酒嘴將一杯雞尾酒倒入 5 個不同酒杯中，平均需要 12 秒。

學會正確倒酒

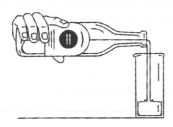

拿起酒瓶直接倒入法：

① 拿起酒瓶

② 以目測方式倒入
（圖示是倒入攪拌杯中）

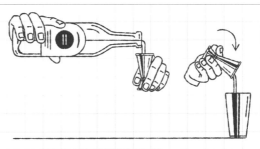

使用量酒器的倒入法：

① 一手拿起酒瓶

② 另一手拿起量酒器

③ 倒入酒液至量酒器中

④ 把量酒器的酒倒入雪克杯中

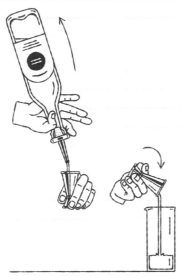

使用酒嘴和量酒器的倒入法：

① 一手拿起酒瓶

② 倒入酒液至量酒器中，將酒瓶中的酒液倒入量
酒器中，同時逐漸拉開傾倒的高度，如此一來
能更容易將酒倒入雪克杯或攪拌杯中

③ 把量酒器的酒倒入盛裝的酒杯

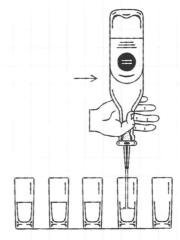

① 使用酒嘴直接倒入 5 個酒杯中

第三課與第四課 **練習題**

練習一 學會使用冰塊

❶ 選出做法錯誤的選項：

1️⃣ ○　　2️⃣ ○　　3️⃣ ○　　4️⃣ ○　　5️⃣ ○

❷ 我用雪克杯調製了一杯雞尾酒，我能重複使用冰塊來調製另一杯雞尾酒嗎？
　　○ 是　　　　　　　○ 否

❸ 哪個類型的冰塊可用來調製一杯純飲雞尾酒？
　　○ 方冰塊　　　　　○ 碎冰　　　　　　○ 手鑿冰

❹ 我能以水龍頭流出的水來自製冰塊嗎？
　　○ 是　　　　　　　○ 否

❺ 連出每一種調製方式所需要的方冰塊數量：

攪拌法調製的雞尾酒 ●
直調法調製的雞尾酒 ●　　　　　● 90 克（2-3 顆冰塊）
搖盪法調製的雞尾酒 ●　　　　　● 200 克（5-6 顆冰塊）

練習二 來算點數學吧！

❶ 轉換成毫升（ml）：

2cl.....................	5.5cl...............	2oz	1.5oz	0.75cl ....
1.5cl	1oz..................	0.5cl..............	0.25cl..............	10cl..................

❷ 吧叉匙（bar spoon）一匙等於咖啡匙一匙。請問它的容量是多少毫升（ml）？
　　○ 2.5ml　　　　　　　○ 5ml　　　　　　　○ 7.5ml

❸ 1 抖振烈酒等於多少毫升（ml）？
　　○ 2.5ml　　　　　　　○ 5ml　　　　　　　○ 7.5ml

❹ 1 抖振苦精等於多少毫升（ml）？
　　○ 1.5ml　　　　　　　○ 2.5ml　　　　　　○ 3.5ml

❺ 1 杯 shot（英式酒量單位）等於多少毫升（ml）？
　　○ 25ml　　　　　　　○ 40ml　　　　　　　○ 50ml

❻ 連連看每個量酒器的容量：

2cl/ 4cl

1oz/ 2oz

25ml/ 50ml

練習三 雞尾酒的倒酒技術

❶ 哪一種倒酒的方式最精準？
- ◯ 拿酒瓶直接倒入法
- ◯ 使用酒嘴的直接倒入法
- ◯ 使用量酒器的倒入法
- ◯ 使用酒嘴和量酒器的倒入法

❷ 哪一種倒酒的方式最快速？
- ◯ 拿酒瓶直接倒入法
- ◯ 使用酒嘴的直接倒入法
- ◯ 使用量酒器的倒入法
- ◯ 使用酒嘴和量酒器的倒入法

練習四 訓練自己！

訓練自己從酒瓶倒入（譬如一些水）一個酒杯或是雪克杯中：

→ **使用量酒器，倒入：**
- ◯ 25ml
- ◯ 50ml
- ◯ 3 份
- ◯ 6 份

→ **使用吧叉匙，倒入：**
- ◯ 1 吧匙
- ◯ 2 抖振苦精
- ◯ 4 抖振苦精

→ **使用苦精瓶，倒入：**
- ◯ 1 抖振
- ◯ 2 抖振
- ◯ 3 抖振

→ **使用酒嘴，以自由倒入法傾倒至酒杯中：**
- ◯ 1 份
- ◯ 2 份
- ◯ 3 份

＊然後把酒杯的液體倒入量酒器中，檢查你的份量是否在正確的刻度上。有需要的話，請從 0 開始，
　心裡牢記每一份量需要花多久的時間。

→ **使用拿酒瓶直接倒入的方法，訓練倒入酒杯中：**
- ◯ 1 份
- ◯ 2 份
- ◯ 3 份

＊接著立即使用量酒器檢查份量。

雞尾酒調製技法

儘管搖盪法是調製雞尾酒最具代表性的方法，但需知本書中一半的酒譜都是直接以酒杯或攪拌杯調製而成。我建議你從「直調法」開始學習，因為它最容易執行，並且需要的工具不多。一個量酒器、一支吧叉匙和一根搗棒，便足以應付大多數經典的雞尾酒。

這項技術將讓你逐漸學會使用攪拌杯的訣竅，以便製作難度更高的雞尾酒——例如曼哈頓或馬丁尼酒。至於以波士頓或歐陸雪克杯調製的雞尾酒，為了能細緻地過濾它，請選擇無爪隔冰匙。

最後，在本課中，我介紹了古巴滾動法（Cuban Roll）和桶陳雞尾酒技法，在 21 世紀的調酒界越來越多人運用這些方法。

❶ 直調法

基本調製技法

雞尾酒例子：帕洛瑪（Paloma）、巴黎司令（Parisian Sling）、蘭姆霸克（Ron Buck）、杏桃瑞奇（Apricot Rickey）等雞尾酒

❶ 在酒杯中加入方冰塊至三分之二滿位置。
❷ 按照酒譜指示的順序倒入材料。
❸ 輕輕以吧叉匙攪拌幾秒鐘（小心翼翼用吧叉匙以由下而上的方式攪拌）
❹ 裝飾後上桌。

使用調酒棒 swizzle stick 的鑽木式攪拌法

雞尾酒例子：琴酒四維索、植物學家四維索、小潘趣四維索和老潘趣四維索

❶ 按照酒譜指示依序倒入材料。
❷ 在酒杯中加入碎冰至三分之二滿，然後兩手快速轉動調酒棒持續幾秒鐘 [16]，讓酒冷卻，接著攪拌混合的材料（應出現些微乳化作用，而杯壁會變得冰涼）
❸ 再加入一次碎冰倒滿酒杯，裝飾它並端給客人服務。

備註 吧叉匙可以取代調酒棒。為了讓受邀來你家的客人感到驚喜，不妨舉辦一場跟著音樂節奏，一同調製碎冰潘趣雞尾酒調製的實作坊，不僅賓主盡歡，每個人也都能依自己的喜好製作雞尾酒！

---

[16] 類似於鑽木取火的方式。

直調法

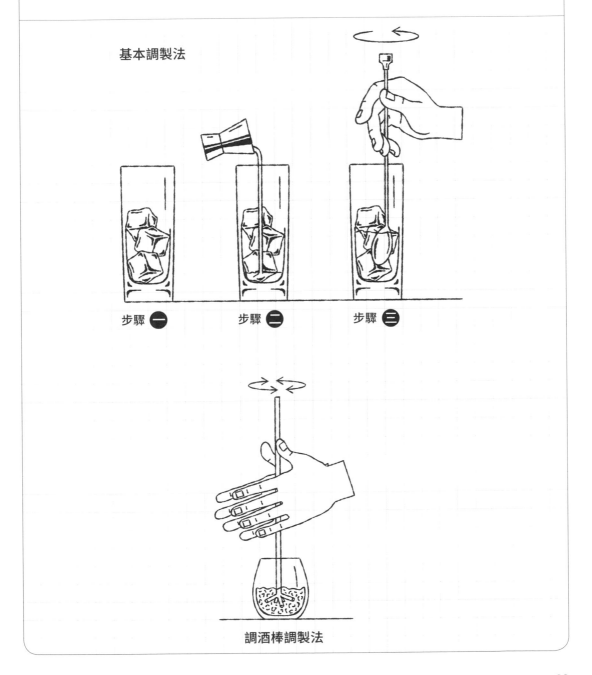

基本調製法

步驟 ❶ 步驟 ❷ 步驟 ❸

調酒棒調製法

碎冰型雞尾酒

雞尾酒例子：卡琵莉亞、坎嗆恰辣（Canchanchara）

1. 把水果或是香草和砂糖一起搗碎，萃取其中的汁液和香氣。
2. 把碎冰倒滿酒杯，倒入烈酒，攪拌。如有需要的話再加入冰塊。
3. 裝飾後上桌。

薄荷朱莉普

1. 把新鮮薄荷和糖漿放入朱莉普杯，後以扁平搗棒搗壓全部材料，留意不要撕碎薄荷葉。
2. 倒入 20ml 波本酒，加入碎冰至杯子的三分之一，然後使用吧叉匙全部攪拌幾秒鐘。
3. 重複以上的動作 3 次。
4. 用碎冰裝滿酒杯，裝飾後上桌。

道地古巴莫希托

無論你在酒吧或是家裡，這個方法都能讓你在最短時間內完成好幾杯莫希托。第一個步驟能夠最快地溶化砂糖，然後讓氣泡水釋放出薄荷的香氣。

1. 放入新鮮薄荷、萊姆汁、砂糖，而後倒入氣泡水約至杯子半滿。
2. 以搗棒搗壓全部材料，留意不要撕碎薄荷葉。
3. 冰塊補滿酒杯，加入古巴蘭姆酒，使用吧叉匙攪拌幾秒鐘。
4. 裝飾後上桌。

混合法[17] 調製的鳳梨可樂達

1. 在果汁機中放入半條切成碎丁的鳳梨、椰奶和 40ml 的鳳梨汁。把所有材料攪拌至均勻。

2. 加入蘭姆酒、鳳梨汁、碎冰，而後快速混合材料約 15 秒鐘（可依每台果汁機調整），然後將果汁機的雞尾酒倒入盛裝的酒杯。一杯美味的鳳梨可樂達必須口感滑順，而且不加冰塊飲用。

3. 裝飾後上桌。

備註 當這款飲料不加酒精時，調製的方法相同。
（例如純真可樂達 Virgin Pina Colada，參見第十一課無酒精雞尾酒）。

---

[17] 使用果汁機／調理機調製的方法。

碎冰型雞尾酒

碎冰型雞尾酒

薄荷朱莉普

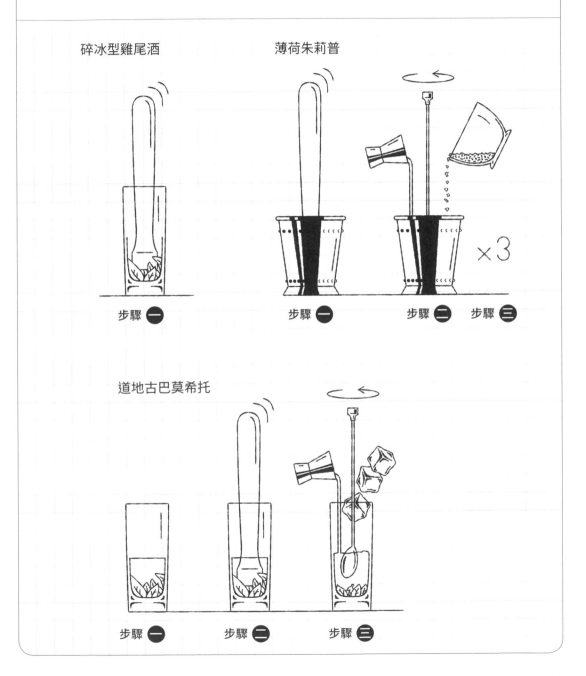

步驟 一

步驟 一

×3

步驟 二　步驟 三

道地古巴莫希托

步驟 一

步驟 二

步驟 三

古典雞尾酒的經典技法

雞尾酒例子：波本古典雞尾酒（Bourbon old fashioned）
蘇茲古典雞尾酒（Suze old fashioned）

1 在桌子上鋪一張小餐巾，上面放置一塊方糖，滴入安格斯托拉苦酒。當方糖完全被苦酒浸潤後，再把糖倒入酒杯中。

2 倒入少量氣泡水來溶解方糖，而後以搗棒壓碎。

3 倒入 20ml 烈酒，加入兩個方冰塊，而後使用吧叉匙攪拌幾秒鐘，重複這個步驟 3 次。

4 裝飾後上桌。調製的時候，可以擠入一些柳橙皮油，並把果皮捲放入杯中作為裝飾。

古典雞尾酒的快速調製方法

古典雞尾酒是一款正統的雞尾酒。調製和溶解方糖大約需要 10 分鐘；由於稀釋緩慢，這款雞尾酒製作時間冗長。通常一款雞尾酒在 20 分鐘後便不再冰涼和失去風味，它卻能夠維持近 20 分鐘。不過，還是有方法可以跟朋友一起調製開胃的古典雞尾酒，而不用在吧台待一整個晚上！下列方法只花不到 1 分鐘：以糖漿取代方糖。

1 倒入 10ml 的糖漿及 2 至 3 滴安格仕苦精至古典杯中。

2 在古典杯中放滿方冰塊。

3 倒入 60ml 你喜愛的烈酒。

4 使用吧叉匙攪拌幾秒鐘。

5 裝飾後上桌。

備註 以威士忌酒為基酒，使用白糖；以蘭姆酒為基酒，使用棕糖；以梅斯卡爾（Mezcal）和龍舌蘭為基酒，使用龍舌蘭蜜。

攪拌法

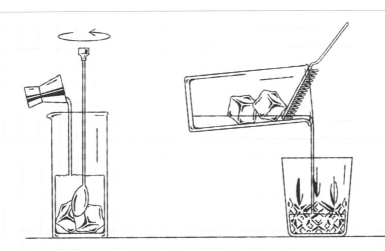

雞尾酒例子：龍舌蘭賽澤瑞克、不甜馬丁尼酒、高速砲彈、阿多尼斯

這個方法需要使用攪拌杯和吧叉匙。關鍵是將雞尾酒充分冷卻而不過多稀釋（稀釋量不應超過 30ml）。吧叉匙，顧名思義是用來攪拌雞尾酒的工具，能夠把酒杯或攪拌杯中的材料直接冷卻。剛入行的調酒師應定期在盛滿冰塊、高而寬大的酒杯中練習攪拌，讓技巧至臻完美。

1 把攪拌杯和酒杯放到冷凍庫冰鎮 15 分鐘。

2 從冷凍庫中取出攪拌杯，然後將方冰塊倒入攪拌杯至三分之二滿，加入材料，並用吧叉匙攪拌幾秒鐘，然後使用隔冰匙將酒過濾到酒杯中。

3 裝飾並端上桌。

冰鎮酒杯

攪拌杯和服務的酒杯必須在冷凍庫冷卻。在開始將材料物倒入攪拌杯時，才將服務的酒杯從冷凍庫取出。如果你沒有冷凍庫，請先從冰杯開始，方法是在酒杯中裝滿冰塊，並在最後一刻倒掉冰塊（從攪拌杯濾出雞尾酒之前）：

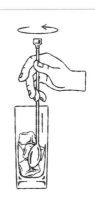

1 將冰塊倒入攪拌杯至三分之二滿。

2 使用吧叉匙攪拌直到杯壁冷卻，然後以隔冰匙濾掉融冰。

二 搖盪法

使用波士頓雪克杯的搖盪法

雞尾酒例子：西瓜馬丁尼、小黃瓜馬丁尼、覆盆子馬丁尼

❶ 在底杯裝入方冰塊至三分之二滿，把材料倒進玻璃杯或是上杯，依據使用的波士頓雪克杯類型而定。

❷ 藉由隔冰匙，濾掉底杯中融冰。

❸ 把材料倒入裝有冰塊的雪克杯，然後用手敲一下，密合兩個杯子。

❹ 以手壓緊雪克杯的上下蓋（一手壓上蓋、一手壓下蓋），用力搖盪雞尾酒約 10 秒鐘。

❺ 兩手握住雪克杯，然後左手掌在上下杯接合處敲一下，分離兩個杯子。

❻ 將隔冰匙蓋上裝滿冰塊和酒液的雪克杯，濾出酒液至酒杯中。若酒譜有指示的話，可用細密濾網雙重過濾。

備註 千萬不要搖盪氣泡類飲料。每次使用後，請用清水洗雪克杯。當不使用時，兩節雪克杯不可蓋合。

使用歐陸雪克杯的搖盪法

雞尾酒例子：萊佛士新加坡司令、黛綺莉、羅勒斯瑪旭

❶ 在底杯裝進方冰塊至三分之二滿。

❷ 把材料（依據酒譜指示的順序）倒入上蓋。

❸ 以無爪隔冰匙過濾底杯融水。

❹ 上蓋材料倒進底杯（雪克杯置於吧台上，輕輕地倒入），而後用力搖盪約 10 至 12 秒。

❺ 重新把雪克杯放回吧台上，打開上下蓋：在雪克杯兩節接合處同時輕輕施壓（兩隻拇指在一側，兩隻食指在另一側），不需要用力，它便能輕鬆分開。將無爪隔冰匙蓋在底杯杯口，過濾材料，倒進預先冰鎮的酒杯（如果酒譜有指示的話，再用篩網雙重過濾）。

乾搖盪法 Dry Shake（使用波士頓雪克杯或歐陸雪克杯）

雞尾酒例子：威士忌酸酒、紐約酸酒（New York Sour）、加勒比海酸酒（Caribbean Sour）

經典的乾搖盪法一般適合在含有蛋白材料的酒譜，目的是先在不加冰塊的情況下搖晃酒液，讓雞尾酒能打發均勻，調製出滑順的奶油質地，然後再加入冰塊重新搖晃雞尾酒至冷卻。

在 2008 年，我於「牛奶與蜜」（位於倫敦 Soho 區的地下雞尾酒吧）發現這門技法。後來，我們用乾搖盪方法調出許多雞尾酒。藉由使用這個經典技巧，我才意識到自己以前在派對浪費大把時間，就為了檢查蛋白是否混合均勻。

❶ 將材料倒入上蓋（依據酒譜指示的順序）並加入一顆方冰塊。

❷ 把上蓋的酒液材料倒入底杯，然後用力搖盪雞尾酒，直到聽不見冰塊撞擊的聲音（即結束乾搖盪）。

❸ 打開雪克杯，加入方冰塊至三分之二滿，搖盪 5~7 秒來冷卻雞尾酒，以隔冰匙濾掉冰塊後，再用細密濾網雙重過濾。

搖盪法

使用波士頓雪克杯的搖盪法

步驟 **1**　　步驟 **3**　　步驟 **4**　　步驟 **6**

使用歐陸雪克杯的搖盪法

步驟 **1**　　步驟 **4**　　步驟 **4**

使用波士頓雪克杯或歐陸雪克杯的乾搖盪法 Dry Shake

步驟 **1**　　步驟 **2**　　步驟 **3**　　步驟 **3**

三 專業級調酒技法

古巴滾動法
（又稱「古巴攪拌法」
Mixing a la cubana 和
「拋接法」throwing）

雞尾酒例子：千里達、內格羅尼、瑪麗亞‧多洛雷斯（Maria Dolores）、竹子（Bamboo）

古巴滾動法需要對技巧有一定的掌握。在使用烈酒調製之前，請先用水練習。

使用一把無爪隔冰匙和兩個波士頓雪克杯（一大一小）。這個方法在於將烈酒從一個 tin 杯倒入另一個[18]，以便調出更加美味的雞尾酒。這項技巧僅適用於某些雞尾酒，像是成分含有葡萄酒的開胃酒（如香艾酒或奎寧酒）。

❶ 在底杯裝入方冰塊至三分之二滿，把烈酒倒入上蓋身中。

❷ 藉由隔冰匙來操作古巴滾動法，將其中一個杯子的混合材料倒入另一個。（至少 6 次、至多 8 次）

❸ 當你看到乳狀液體浮現時，表示雞尾酒大功告成。此時將上蓋中的混合材料倒入預先冰鎮的酒杯中。

❹ 裝飾即可上桌。

（在小橡木桶）
陳釀一款雞尾酒

雞尾酒例子：內格羅尼、曼哈頓、布魯克林、翻雲覆雨（Hanky-Panky）、大總統（El Presidente）

在 2000 年代末期，當復古雞尾酒重新現身於倫敦和紐約時，這個技法由托尼‧康尼格羅（Tony Conigliaro）重新掀起風潮。

桶陳一款雞尾酒：

❶ 使用一個容量至少 3L 的小橡木桶。

❷ 將橡木桶裝滿沸水以沖洗內部，靜置 24 小時，然後倒掉所有的水。你會看到不同的雜質脫落下來。重複這項操作 3 至 4 次。

❸ 從上列的經典雞尾酒中選擇一款。這裡我們以金巴利、紅香艾酒和琴酒調製而成的內格羅尼雞尾酒為例。

❹ 將所選雞尾酒的材料，倒入一個大玻璃瓶並全部攪拌，然後用小漏斗將瓶子中的酒液倒入木桶。烈酒的密度會根據糖分含量而有所不同，它們重量或重或輕，因此在把雞尾酒倒入酒桶中，且規律地旋轉木桶之前，將雞尾酒攪拌均勻是非常重要的。否則，烈酒可能會從最甜至最不甜的酒疊加為三層（金巴利、紅香艾酒、琴酒）。

❺ 將橡木桶放在室溫下，避開陽光。

❻ 每週嚐一次雞尾酒的味道，並在筆記本內記下印象（色澤、香氣、味道），以便分析雞尾酒的變化過程。

❼ 用橡木桶陳釀的雞尾酒比沒有陳釀的雞尾酒更甜。如果你發現它味道太過醇厚的話，以 1L 的雞尾酒舉例，可以每個月添加 10% 的基酒。經典雞尾酒和陳年雞尾酒的比例不同。陳釀的雞尾酒必須含有三分之二比例、酒精最低含量為 40° 的蒸餾烈酒。因此以內格羅尼來說，要添加比金巴利和香艾酒還多的琴酒。

❽ 飲用時，在攪拌杯中倒入方冰塊至三分之二滿，再加入 70ml 的雞尾酒，使用吧叉匙攪拌幾秒鐘，然後以隔冰匙和濾網雙重過濾至酒杯。

備註

3L 木桶的雞尾酒至少必須陳釀 3 個月，但最長只能存放 1 年。木桶不使用時必須保持溼潤。你可以在同個木桶中重新陳釀一款雞尾酒。當你感覺雞尾酒已經充分陳釀的時候，便把它倒入一個大玻璃瓶中。

千萬不可將含有糖分和濃縮苦酒（如安格仕苦精）的雞尾酒倒入木桶，例如含安格仕苦精的曼哈頓。木桶只能陳釀裸麥威士忌和香艾酒，等待要調製雞尾酒的時候再加入苦酒至攪拌杯。

酒精在木桶中的揮發程度取決存放的位置和雞尾酒的烈酒成分。以我而言，酒精的揮發幅度在 6 至 10% 之間。

---

[18] 類似拉茶的動作。

專業調酒技法

古巴滾動法

桶陳調酒法

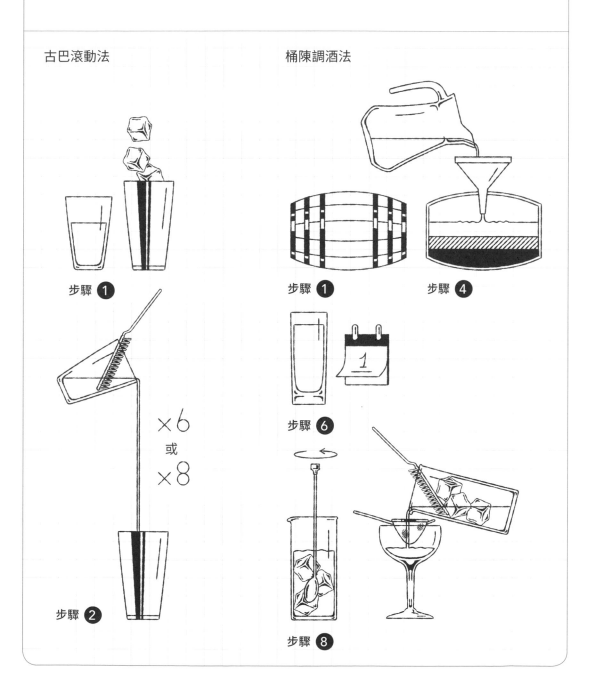

步驟 ①

步驟 ①

步驟 ④

×6
或
×8

步驟 ②

步驟 ⑥

步驟 ⑧

吧台必備材料

當你認識了各種工具和技術後，就會面臨到一個致命的問題：我的吧台必須備有哪些材料呢？這就是本課的目的。毋須購買五十幾瓶酒，你只要備有幾款合適的基酒以及一些新鮮材料即可開始製作！在本課的最後，我提供了一份雞尾酒清單，讓你能依照自己的材料和口味進行。

動手調製 6 大基酒

□ **干邑白蘭地（VS 或 VSOP）**

我建議的酒款：軒尼詩（Hennessy）VS、馬爹利（Martell）VSOP、墨萊特兄弟調和白蘭地（Merlet Brother Blend）、ABK6 VSOP、芒蒂佛城堡（Château de Montifaud）VS、皮耶費朗（Pierre Ferrand）1840、尚 - 呂克‧柏斯卡（Jean-luc Pasquet l'Organique）4 年有機干邑

□ **裸麥威士忌**

我建議的酒款：Roof 裸麥威士忌、賽澤瑞克裸麥威士忌（Sazerac Rye）、利登 100 Proof 裸麥威士忌（Rittenhouse 100 Proof）。

□ **古巴蘭姆酒**

我建議的酒款：哈瓦那俱樂部 3 年（Havana Club 3 Ans）、哈瓦那俱樂部 7 年（Havana Club 7 Ans）。

□ **牙買加蘭姆酒**

我建議的酒款：阿普爾頓莊園（Appleton Estate）、普雷森（Plantation）、麥斯深色蘭姆酒（Myers Dark）

□ **琴酒**

我建議的酒款：英人牌不甜（乾型）琴酒（Beefeater London dry）、普利茅斯（Plymouth）、絲塔朵（Citadelle）

□ **100% Agave 白色龍舌蘭**

我建議的酒款：馬蹄鐵（Herradura）、塔巴蒂奧（Tapatio）、奧美加阿爾托斯（Altos）、卡勒 23 號（Calle 23）。

備註 一個 700ml 瓶子含有 14 等分的 50ml 酒精。

6 款必備利口酒

□ **薄荷酒**：吉法（Giffard）

□ **君度橙酒**（Cointreau）

□ **瑪拉斯奇諾黑櫻桃利口酒**：露薩朵（Luxardo）

□ **綠色夏特勒茲**

□ **葡萄園蜜桃香甜酒**（Crème de pêche de vigne）：墨萊特、吉法、卡騰（Joseph Cartron）

□ **白可可香甜酒**（Crème de cacao blanc）：吉法、卡騰

烈酒為基底的餐前酒

□ **苦艾酒**：佩諾（Pernod）

□ **金巴利**

□ **艾普羅**

葡萄酒為基底的餐前酒

□ **紅香艾酒**

我建議的酒款：魯坦（Routin）、坎帕諾（Carpano）、馬丁尼（Martini）、柯吉（Cocchi）。

□ **不甜香艾酒**

我建議的酒款：魯坦、諾利普拉（Noilly Prat）、多林（Dolin）、馬丁尼。

調味香料

□ 安格仕香味苦酒

是製作出色的經典雞尾酒（例如古典雞尾酒和曼哈頓）的必備良品。你可以在烈酒櫃上輕易找到兩種容量（100ml 或是 200ml）的雞尾酒。

安格仕苦精能夠搭配所有類型的基酒……

萊姆和檸檬

□ 檸檬（英文為 lemon）

□ 萊姆（英文為 lime）

柑橘類水果（例如萊姆和檸檬）是許多經典雞尾酒（例如側車或莫希托）的材料之一，且不能被其他材料取代。選擇俗稱為萊姆的小顆綠檸檬，並優先選擇未經加工處理過的黃檸檬。

新鮮食材

□ 柳橙汁

□ 新鮮覆盆子、新鮮草莓

□ 新鮮薄荷

□ 小黃瓜

□ 雞蛋（新鮮的和有機的）

□ 酒漬櫻桃（酸櫻桃）果汁和蘇打水

□ 蘋果汁（濃稠蘋果汁或有機蘋果汁）

□ 鳳梨汁（純果汁和盡量少糖的）

□ 氣泡水：沛綠雅（Perrier）

□ 純手工檸檬汽水 [19]

□ 薑汁啤酒（Ginger Beer）在非洲或印度人開的雜貨店中，你可以找到這種發酵薑汁味道的氣泡飲料；經典的薑汁啤酒為老牙買加（Old Jamaica）。

小提醒：對於專業調酒師，我建議使用舒味思頂級薑味與辛香調和的薑汁啤酒（Schweppes Premium Mixer Ginger Beer & Chili）。

□ 薑汁汽水（Ginger Ale）：芬味樹（Fever-Tree）

糖漿和甜味劑

□ 杏仁糖漿

□ 接骨木糖漿

我建議的糖漿品牌：馬修‧泰西（Mathieu Teisseire）、吉法、莫寧（Monin）、魯坦

□ 方白糖和方棕糖

□ 百花蜂蜜

□ 龍舌蘭糖漿或龍舌蘭蜜（可以在超市、有機超商或專門食品店中找到）

□ 白砂糖

小提醒：你可以自己製作糖漿和紅石榴糖漿。

自製糖漿配方

普通糖漿：250g 砂糖、250ml 水。

將糖和水倒進一個鍋中，開小火溶解。溶解的速度必須盡可能緩慢，以便得到混合均勻的糖漿。使用雙層過濾網來過濾糖漿，然後倒入滅菌瓶中。存放在陰涼處 1 個月。

紅石榴糖漿：150ml 新鮮石榴汁，150g 砂糖。

將石榴切成兩半，用湯匙敲打果皮，蒐集所有的石榴籽（非常多汁）在一個盒子中。用搗棒將籽萃取出石榴汁液，然後將汁液過濾至一只雪克杯中，加糖並攪拌直到完全溶解。再倒入滅菌瓶中，加入 1 滴香草精和 1 滴義大利香醋（Vinaigre Balsamique）。存放在陰涼處 1 個月。

裝飾物與妝點食材

雞尾酒的裝飾物應該要簡單、優雅且可食用。本課會帶領你認識經典雞尾酒和當代雞尾酒的裝飾物。要在恰當時機選擇合適的裝飾物，若你熟悉水果的盛產季節會大有助益。優先挑選當季水果和香草來增添你的雞尾酒風味（請見第 10 至 11 頁）。

裝飾物有兩種類型：一種可為雞尾酒帶來更多香氣，例如放在不甜馬丁尼上面的檸檬皮捲；或只是裝飾卻不會增添雞尾酒的風味，如曼哈頓杯中的櫻桃。好的裝飾物能夠為香氣和味道加分。調酒的裝飾很重要，但並非必要，例如黛綺莉、愛爾蘭咖啡和歐陸酸酒。最後，一款雞尾酒往往會因為它的器皿、顏色和口感而有所差異。

裝飾物的固定工具

蛋白糖霜能夠把裝飾物直接固定在玻璃杯上：

1 用刮刀將蛋清和 250g 糖混合，然後加入半顆檸檬的檸檬汁直到調和均勻。

2 在杯子邊緣放上榛果皇家糖霜，然後黏上裝飾物（如切片杏仁、八角茴香等）。

備註

- 把果皮懸掛於杯緣一側之前，請先精準地（以日式手法）削皮。
- 僅切出檸檬的黃色表皮（檸檬的白皮層太苦）。
- 使用前請務必清洗檸檬。
- 作為裝飾的果皮可提前幾個小時準備好，將它存放在密封盒中。相反地，用來噴附皮油的果皮必須在最後一刻才切開使用。
- 檸檬角、檸檬片和半月形檸檬片能夠在特別的派對活動當天切好，並存放在密封盒，或是在調酒服務時鋪放於碎冰上。

 一 適用經典雞尾酒

檸檬和柑橘類水果

雞尾酒例子：古典雞尾酒、馬丁尼酒、邁卡（Macca）、賽澤瑞克、竹子

檸檬皮時常用來添加開胃型雞尾酒的清爽感。

噴附檸檬芳香皮油的技巧：使用水果刀或蔬果削皮刀，削去約 7cm 長的果皮，同時用兩隻手的拇指和食指（檸檬果皮朝雞尾酒杯口），在玻璃杯上方 20 至 30cm 處擠壓果皮，才能將果皮的精華徹底地釋放在酒液表面。

這項經典的技術在於丟棄用過的果皮，並在杯口放入另一片（不需要擠壓它）。

我偏好使用一個迷你雞尾酒針，把它固定在杯緣上：這優雅多了，並且更容易飲用。也有一些調酒師喜歡將果皮擠壓後，把它捲成一個結，然後放入酒杯中。

削皮刀和螺旋檸檬皮

檸檬果皮也可用於裝飾長飲「馬頸」（Horse's Neck），這項技術在於切出約寬 3cm、高 12cm 的狹長果皮（參閱高球雞尾酒課程）。最後，將檸檬角噴擠出精油後，可以將其懸掛在杯緣或是留在酒杯中（霸克型雞尾酒），或是切成片狀去籽（柯林斯型雞尾酒），或是如美國佬雞尾酒般呈半月形狀。

檸檬角與檸檬片

萊姆大多切成角的形狀使用，例如自由古巴；或是切成萊姆丁，如著名馬丁尼克的小潘趣。柳橙也有各式各樣的使用方式：在古典雞尾酒、血與沙（Blood and Sand）、雞尾酒俱樂部一號（Club Cocktail N° 1）中呈果皮狀；在美國佬內則呈半月形狀。

削除檸檬果皮

① 握緊果菜削皮刀並去除果皮　② 整齊地切果皮　③ 將果皮夾在杯緣上

螺旋狀檸檬皮也用來裝飾薇絲朋馬丁尼雞尾酒。方法是使用削皮器，它可以讓你精準地削出一條螺旋形狀的果皮。

果實類

雞尾酒例子：曼哈頓、伏特加馬丁尼、髒馬丁尼（Dirty Martini）、吉普森（Gibson）

櫻桃是裝飾經典雞尾酒中最常用的食材之一，它的代表性雞尾酒為曼哈頓。美國人會告訴你：「少了櫻桃的曼哈頓不配稱作曼哈頓。」

英國人使用瑪拉斯奇諾櫻桃（Maraschino Cherry），法國人則使用酸櫻桃（Griotte）或阿瑪雷納櫻桃（Amarena）。這是最常用於雞尾酒的 3 種櫻桃。

橄欖則與伏特加馬丁尼——詹姆士・龐德熱愛的那款雞尾酒密不可分！根據其品種和醃漬液的不同，它或多或少會增加雞尾酒的苦味和鹹味（美國人喜歡在玻璃杯中加入醃漬液，如此一來，就變成了髒馬丁尼酒）。

橄欖多保存在醃漬液中（以 60g 鹽搭配 800g 水）；如果是吉普森雞尾酒（Gibson），可用醋漬珍珠洋蔥取代橄欖。

曼哈頓的櫻桃裝飾、伏特加馬丁尼的橄欖裝飾

紅色水果

雞尾酒例子：
貓步（Pussy foot）、
白蘭地斯瑪旭（Brandy Smash）、
皮姆之杯（Pimm's Cup）

覆盆子是最常用作裝飾經典雞尾酒的紅色水果。黑莓和草莓較少作為裝飾，除非此雞尾酒必須採用當季水果。

鳳梨

通常是切片或是以扇形來妝點鳳梨可樂達。

小黃瓜

在一杯雞尾酒中，小黃瓜具備實用性和視覺性功能。當它被切成圓片狀或削除皮放進雞尾酒中，能迅速浸泡在酒裡，為雞尾酒的最後成品增添一股清爽風味。當它作為裝飾物（例如插在牙籤或是雞尾酒籤上），在使用吸管品嚐雞尾酒的時候，鼻端能感受額外沁涼香味。

小黃瓜圓切片

西洋芹

西洋芹柄能夠用於紅鯛魚或血腥瑪麗（與其將芹菜柄放入酒杯中，我建議你將芹菜柄切出一個美麗的扇形，並剪下芹菜葉）。

新鮮薄荷

雞尾酒例子：薄荷朱莉普、莫希托

新鮮薄荷同樣是許多經典雞尾酒的裝飾元素。一般來說，我們使用帶葉薄荷枝作為裝飾物，並放置在靠近吸管的地方，當享用朱莉普系列的雞尾酒或莫希托時，鼻端能感受額外的清爽香味。有時候我們只會使用一小撮薄荷或薄荷葉裝飾，如三葉草俱樂部。

如何準備薄荷葉：
1 戴上手套，用水清洗新鮮薄荷，並抓一束薄荷葉放在砧板上。
2 左手拉住薄荷枝，掐住它的末端（目的是不要破壞嫩芽），然後用右手除去薄荷枝上的葉子。薄荷葉用於製作雞尾酒，薄荷頂芽用來作裝飾。只保留美麗的薄荷頂芽（如果它長壞了，則可以用來製作雞尾酒）。
3 完成後，我們會得到一把薄荷葉（剪掉枝條），還有被剪斷的頂芽（連著一小截枝條）。
4 在高球杯中加入冰塊和氣泡水，放入薄荷葉，杯上放一小條溼毛巾，然後存放在陰涼處幾天（這樣你就可以在端上飲料前，使用新鮮的裝飾物）。每日換水並檢查薄荷的頂芽，壞掉的葉子可以用來調製雞尾酒。

準備薄荷葉

2 取一截薄荷枝，除去所有葉子

3 用一束薄荷裝飾酒杯，摘下的葉子留作調製雞尾酒使用。

香辛料

雞尾酒例子：亞歷山大白蘭地（Brandy Alexandre，以肉豆蔻磨粉）、皮斯可酸酒（Pisco Sour，肉桂粉）、黑色海軍潘趣（Black Navy Punch，八角）、白桑格麗（White Sangaree，肉豆蔻磨粉）、奶油熱蘭姆酒（Hot Buttered Rum，肉桂棒）

潘趣、桑格麗和餐後型雞尾酒通常會以肉豆蔻磨粉、肉桂粉來裝飾，有時還有八角或肉桂棒。亦可以用一塊巧克力，磨成粉來裝飾綠色蚱蜢（Grasshoper）和金色凱迪拉克（Golden Cadillac）。

☲ 用於當代雞尾酒

羅勒（夏季）

羅勒是當代雞尾酒中最常使用的新鮮香草。羅勒比薄荷更香，在雞尾酒上放一片簡單的羅勒葉就足以增添香氣。

迷迭香（春季、夏季）

較少使用，可以藉由固定枝條在杯緣來裝飾某些雞尾酒。

薄荷（夏季）

薄荷是裝飾經典和當代雞尾酒最常使用的新鮮香草。

鼠尾草（5月至7月）

新鮮的鼠尾草非常芳香，使用葉子的方式跟羅勒一樣。

檸檬香茅

呈長條狀，縱切成細條後，檸檬香茅可以在陰涼處保存幾天（用保鮮膜包覆）。

蘋果扇

毫無疑問，這是 2000 年代最常使用的裝飾物，即使酒譜中沒有蘋果，所有的雞尾酒裝飾都包含蘋果扇！蘋果扇很賞心悅目；切得好的話，便能為雞尾酒添一層質感，例如以卡爾瓦多斯蘋果白蘭地（Calvados）為基酒的「高級訂製服」。蘋果扇應該切成薄片，使用牙籤和一顆蘋果球固定，垂直放在杯緣。你可以在服務酒的前幾個小時準備蘋果扇，讓它們浸泡在冰檸檬汁中。蘋果扇必須在上桌前才組裝起來。

羅勒、迷迭香、薄荷、鼠尾草、檸檬香茅……

備註 我們經常使用蘋果球（運用水果挖球器來製作）固定裝飾。有時候，調酒師會使用模具來裝飾調製的酒，以星形或心形的新鮮蘋果來裝飾。最新潮流是把蘋果切成洋芋片形狀使用，一如梅布爾的甜蜜蜜（Mabel's Treacle）。

新鮮石榴

石榴籽可以裝飾某些雞尾酒，例如你可以將石榴籽放在一片羅勒葉上。

百香果

橫切成對半，在酒的液體面製作半顆百香果漂浮，例如在豔星馬丁尼中。它必須切成薄片，呈上雞尾酒時必須總是搭配一張紙巾和一個小湯匙，以品嚐水果。

柑橘乾和糖漬水果

水果乾在當代雞尾酒吧中越來越風行。要將水果脫水乾燥，得先把水果切成非常薄的圓片，放在烤盤上，在 60°C 的溫度加熱 3 到 4 小時（烤到一半的時間要毫不猶豫地翻面），然後降溫至 45°C，脫水時間約需要 10 幾個小時。當柑橘水果脫水後，你可以將它們存放在圓形大口罐中。

備註 糖漬水果以及糖漬薑片也可以裝飾某些當代雞尾酒，例如加勒比海朱莉普或是盤尼西林。

葡萄柚

雞尾酒的例子：倫敦呼喚、海明威黛綺莉
它主要以果皮形式使用。

生薑

源自印度，生薑用於調製許多當代雞尾酒，如干邑高峰會、盤尼西林、琴琴騾子。通常用於雞尾酒的裝飾物是糖漬薑片，但也可以用新鮮的薑切成薄片或細片。

其他還有……

餅乾碎片和磨碎的香料經常用於裝飾當代雞尾酒。

- 法式經典薄餅（Gavottes）：加在布列塔尼反烤蘋果塔（Breizh Tatin）中。
- 餅乾：放在野格的盆花（Jager's Blumentopf）雞尾酒中，餅乾會用果汁機打碎後作為裝飾物。
- 杏仁碎片：經常用來作為墨萊特蛋酒的裝飾物。
- 香料碎末：加勒比海朱莉普、梅布爾的甜蜜蜜。
- 洋甘草棒：賽澤瑞克（Black Sazerac）。
- 零陵香豆磨粉：可可利馬（Coco Lima）。

三 雪霜杯製作

瑪格麗特（Margarita）鹽口杯製作

當你將杯口沾上細鹽的時候，只需要沾上半圈，以便讓客人選擇是否加或不加鹽來品嚐雞尾酒。

① 使用一把蔬果刀，在檸檬橫面劃開（約 2cm）切口，右手拿酒杯，左手拿檸檬，用檸檬沾溼一半的杯口。

② 在盛滿細鹽的碟子上輕輕轉動酒杯，使杯口沾上鹽。

③ 需要的話輕敲杯底，修飾雪霜杯。

備註

· 某些專業鹽盤是專門為了製作瑪格麗特雞尾酒的鹽口杯而設計。

· 鹽口杯必須留待最後一刻才製作，因為酒杯在上桌前必須先冰鎮。當裝飾完成後，製作鹽口杯的時間不應該超過 20 秒。

· 當代雞尾酒布蘭卡麗塔的靈感來自經典瑪格麗特。除了杯口沾的是葛宏德鹽之花（sel de Guérande）和山椒粉（poivre sancho）外，技巧是相同的。

白蘭地庫斯塔（Brandy Crusta）糖口杯製作

白蘭地庫斯塔的裝飾包括以砂糖沾上杯口（一圈糖邊）以及長條檸檬皮作為妝點食材。這個裝飾手法極富有美感，它的獨特之處在於影響了調酒的香氣和味道。長條檸檬皮聞起來清新芳香，砂糖則有清脆口感。技巧類似瑪格麗特的鹽口杯，只是杯口沾上一圈糖邊。

① 準備一個小口徑的高腳葡萄酒杯或優先選擇一個笛型香檳杯。

② 選擇一個適合酒杯的器皿來製作糖口杯。

所有製作的程序如同瑪格麗特鹽口杯，在最後一刻從冰箱取出酒杯，並將杯口沾上糖（在用雪克杯搖酒前）。

③ 有必要的話加入一顆方冰塊，並在酒杯邊緣裝飾長條檸檬皮捲。

備註 果皮可以提前幾個小時準備好，然後存放在密封盒中。相反地，必須在最後一刻才將杯口沾上糖，因為糖會在冷凍庫中結晶。

以細鹽製作的雪霜杯：

① 在檸檬中間劃開一個切口

② 沾溼玻璃杯

③ 在盛滿鹽的碟子上輕輕轉動酒杯，讓杯口沾上鹽

白蘭地庫斯塔的裝飾法：

① 從冰箱中取出酒杯，以切好的檸檬使之沾溼

② 把杯口沾上糖

③ 糖口杯

④ 以檸檬皮裝飾的酒杯

愛爾蘭咖啡

另參見第 87 頁（關於熱飲的第十二課）。

愛爾蘭咖啡的配方中雖然沒有裝飾物，但這種雞尾酒在淋上一層打發的鮮奶油時，在視覺上仍極具美感。

愛爾蘭咖啡是一種經典熱飲雞尾酒，在法國的餐館中非常受歡迎，但它的製作方式在業界引起爭議。

許多專業調酒師認為，要以好幾個分層和香緹鮮奶油（crème Chantilly）來製作它才算成功。然而如同所有好喝的雞尾酒一樣，一杯完美的愛爾蘭咖啡，關乎 3 個 S 法則：甜味（sweet）、酸度（sour）、強度（strong）之間的平衡。

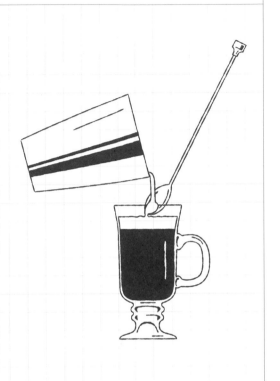

以愛爾蘭咖啡而言，強度的部分代表了威士忌，甜味對應糖，酸度則是咖啡。因此，將這 3 種材料徹底攪拌非常重要，才能製作風味均衡的雞尾酒。打發鮮奶油是唯一的分層，品飲時會帶來綿密的口感。這是一款熱飲型的雞尾酒，不需要以吸管飲用。

以下是製作完美愛爾蘭咖啡的技巧：

❶ 將熱水倒入托迪杯。

❷ 在牛奶壺中倒入威士忌和蔗糖漿，然後加熱所有的材料。

❸ 倒掉托迪杯中的熱水。

❹ 將牛奶壺中的材料物倒入托迪杯中，加入熱咖啡並輕輕攪拌。

❺ 在酒杯最上層倒入打發的鮮奶油，輕輕沿著吧勺背面倒入，即可送上桌。

備註 要打發鮮奶油，請從隔冰匙取出彈簧，把它放入雪克杯底杯。加入 50ml 鮮奶油，然後用力地連彈簧一起搖晃來打發奶油。接著，小心翼翼將內容物沿吧匙的背面倒入。

第五課 **練習題**

練習一 正確的調製方式

將雞尾酒與符合的調製技法連起來：

蘇茲古典雞尾酒 ●

巴黎司令 ●

布魯克林 ●　　　　　　　　　　● 攪拌法

千里達雞尾酒 ●　　　　　　　　● 混合法

龍舌蘭賽澤瑞克 ●　　　　　　　● 古巴滾動法

鳳梨可樂達 ●　　　　　　　　　● 直調法

曼哈頓 ●　　　　　　　　　　　● 乾搖盪法

弗雷迪可林斯 ●　　　　　　　　● 分三步驟的直調法

薄荷朱莉普 ●

加勒比海酸酒 ●

練習二 找出正確答案

1 我該用哪個類型的糖來以經典方式調製古典雞尾酒？

　○ 1 小塊方糖　　　　　○ 砂糖　　　　　○ 糖漿

2 我應該用什麼類型的冰塊來製作道地古巴莫希托？

　○ 方冰塊　　　　　○ 碎冰　　　　　○ 手鑿冰

3 薄荷朱莉普是分 3 個步驟完成的嗎？

　○ 錯，只需要 1 個步驟。

　○ 對，因為這樣可以釋放出薄荷香氣，提供必要的稀釋，同時增添雞尾酒的清涼感。

　○ 對，因為這樣可以讓糖完全溶解。

練習三 訓練自己！

自己練習（比如使用水）執行以下技巧，每種至少重複 3 遍：

調酒棒（swizzle stick）

調製法直調法

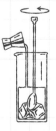

攪拌法

古巴滾動法

第六課 **練習題**

練習一 製作雞尾酒的必備酒款

❶ **哪些是必備的 6 大基酒？**

○ 皮斯科酸酒　　　　　　　　　　○ 梅斯卡爾

○ 卡爾瓦多斯蘋果白蘭地　　　　　○ 伏特加

○ 農業型蘭姆酒　　　　　　　　　○ 琴酒

○ 古巴蘭姆酒　　　　　　　　　　○ 裸麥威士忌

○ 牙買加蘭姆酒　　　　　　　　　○ 蘇格蘭威士忌

○ 100% Agave 白龍舌蘭　　　　　○ 干邑白蘭地（VS 或 VSOP 級）

❷ **哪些是調製雞尾酒的 6 款必備利口酒？**

○ 野草莓香甜酒　　　　　　　　　○ 綠色夏特勒茲

○ 蜜桃香甜酒　　　　　　　　　　○ 哈蜜瓜甜酒（Midori）

○ 巧克力利口酒　　　　　　　　　○ 法國葫蘆綠薄荷利口酒（Get 27）

○ 白可可香甜酒　　　　　　　　　○ 薄荷酒

○ 瑪拉斯奇諾黑櫻桃利口酒　　　　○ 柑曼怡香橙甜酒（Le Grand Marnier）

○ 酸蘋果利口酒（Manzana Verde）　○ 君度橙酒

❸ **調製經典雞尾酒（如古典雞尾酒）的必備材料是什麼？**

○ 杏仁糖漿（Sirop d'orgeat）　　　○ 安格仕芳香苦精

○ 薑汁啤酒　　　　　　　　　　　○ 香艾酒

練習二 建立你自己的雞尾酒單

這個練習的目的是依據口味辨識不同雞尾酒，以便建立你個人的酒單來滿足所有客人的需求。

1 **仔細閱讀這份挑選出的酒譜清單，試著辨別出它們的不同風味：**

羅恩可林斯（Ron collins）：古巴蘭姆酒、糖漿、檸檬汁、氣泡水。

蘋果莫希托：新鮮薄荷、接骨木糖漿、萊姆汁、蘋果汁。

坎嗆恰辣：古巴陳年蘭姆酒、萊姆汁、蜂蜜。

邁泰：牙買加陳年蘭姆酒、庫拉索橙酒、萊姆汁。

內格羅尼：琴酒、金巴利、紅香艾酒。

艾普羅斯比滋：艾普羅、不甜白酒、氣泡水。

湯米瑪格麗特（Tommy's Margarita）：100% Agave 白龍舌蘭、萊姆汁、龍舌蘭蜜。

瑪格麗特：100% Agave 白龍舌蘭、君度橙酒、萊姆汁。

完美女人：琴酒、蜜桃香甜酒、檸檬汁、糖、蛋白。

側車：干邑白蘭地、君度橙酒、檸檬汁。

蘭姆古典雞尾酒：牙買加陳年蘭姆酒、方糖、安格仕苦精。

曼哈頓：裸麥威士忌、紅香艾酒、安格仕苦精。

三葉草俱樂部：琴酒、檸檬汁、紅石榴糖漿、新鮮覆盆子、蛋白。

小黃瓜高球雞尾酒：糖漿、檸檬汁、新鮮小黃瓜、氣泡水。

白色佳人一號：薄荷酒、君度橙酒、檸檬汁。

尋血獵犬：琴酒、紅香艾酒、不甜香艾酒、馬拉斯奇諾黑櫻桃利口酒、新鮮覆盆子。

2 **在下列的每個分類中，填入挑選的清單中對應的兩款雞尾酒：**

清新爽口的雞尾酒：

微酸而不甜的雞尾酒：

酸酸甜甜的雞尾酒：

異國風情的雞尾酒：

果香型的雞尾酒：

苦味的雞尾酒：

生津解渴的雞尾酒：

芳香濃烈的雞尾酒：

第七課 練習題

練習一 當季水果 （水果產季請參閱第 10-11 頁）

這個練習的目的是了解水果盛產季節。使用新鮮的當季水果，不但可以大幅增加某些雞尾酒的風味，並用來自製糖漿、果泥和某些浸泡酒等。

依據產季配對水果：

石榴 ●

百香果 ●

柳橙 ●

血橙 ●

鳳梨 ●　　　　　　　　　　　　　　● 春季

葡萄柚 ●

蘋果 ●　　　　　　　　　　　　　● 夏季

金桔 ●

無花果 ●　　　　　　　　　　　　● 秋季

黑莓 ●

草莓 ●　　　　　　　　　　　　　● 冬季

西瓜 ●

蜜桃 ●

覆盆子 ●

櫻桃 ●

荔枝 ●

練習二

練習動手做雪霜杯，重複以下步驟：

鹽口杯

糖口杯

第二章

雞尾酒類型

我將透過一整個章節介紹雞尾酒類型，因為我認為這是理解一款調飲架構的最佳方式。先對酸酒的主題感興趣並練習調製，接著就能調製出一款費茲、可林斯或是瑞奇雞尾酒。融會貫通各種酒款基本知識的調酒師，亦能添加個人風格、重新演繹經典雞尾酒來創造出自己的作品。

我在本章中列出了最偉大的雞尾酒酒譜（白蘭地庫斯塔、威士忌酸酒、薄荷朱莉普……）以及當代的酒譜（哈瓦那新式庫斯塔、加勒比海酸酒、弗雷迪柯林斯、蘇茲古典雞尾酒……），這將幫助你建立起古老的雞尾酒種類與 21 世紀雞尾酒之間的連結。

第八課

長飲雞尾酒

● 霸克 ● 高球 ● 騾子

在專門介紹雞尾酒種類的本章節中，先從霸克、高球和騾子這 3 種雞尾酒類型開始調製會很有意思，因為它們含有許多相似之處。這幾款酒都是直接在裝滿冰塊的酒杯中調製，所有的基酒都可以搭配，而且加入氣泡飲料稀釋。無論是霸克、高球或是騾子，長飲雞尾酒常是晚會的完美選擇，而且容易製作。

霸克 Buck

霸克雞尾酒是 1920 年代發明於倫敦霸克俱樂部（Buck's Club）。在美國禁酒令期間，這種長飲在歐洲相當流行。一杯霸克可在裝滿冰塊的司令杯中直調。它由一款基酒、檸檬角組合而成，再補滿薑汁汽水——一種帶有生薑香味的氣泡飲料。最受歡迎的酒譜為琴霸克。

琴霸克 Gin Buck

材料
- 2 顆未上蠟的檸檬角
- 50ml 倫敦不甜（乾型）琴酒
- 適量薑汁汽水

調製方法
在司令杯中裝滿方冰塊，且在酒杯上方噴附 2 顆檸檬皮油（然後放進杯中），接著倒入琴酒，再緩緩倒入薑汁汽水，接著使用吧叉匙攪拌，即可上桌。

酒杯
司令杯

冰塊類型
方冰塊

裝飾物、妝點食材
不需要，僅附上攪拌棒即可。

雞尾酒品飲
為適合晚會享用的解渴長飲。

蘭姆霸克 Ron Buck

起源
2016 年，為在法國上市的外交官特級蘭姆酒（Diplomatico Planas Rum）構思這款雞尾酒。

材料
- 2 個未上蠟的檸檬角
- 40ml 外交官特級蘭姆酒 47%
- 5ml 優級巴貝多法勒南（Merveilleux Falernum）
- 適量薑汁汽水

調製方法
在裝滿冰塊的酒杯中，依照酒譜指示的順序直接倒入材料，使用吧叉匙攪拌幾秒鐘，裝飾並立刻端上桌。

酒杯
司令杯

冰塊類型
方冰塊

裝飾物、妝點食材
新鮮鳳梨、新鮮薄荷、生薑。附上 2 根吸管。

雞尾酒品飲
這道微酸的長飲清淡和解渴，隨時皆可飲用。

其他……

卡爾瓦多霸克（Calvados Buck）：卡爾瓦多達波瓦莊園蘋果白蘭地（Calvados Blanche Manoir d'Apreval）、檸檬角、薑汁汽水。

愛爾蘭威士忌霸克：愛爾蘭威士忌、檸檬角、薑汁汽水。

☰ 高球 Highball

高球雞尾酒在 19 世紀末發源於美國。這個長飲家族在放滿三分之二杯冰塊的酒杯中直調。它由烈酒和氣泡飲料組合而成，有時候會以柑橘角或果皮裝飾。最受歡迎的酒為白蘭地高球和自由古巴。

馬頸 Horse's Neck

起源

最初，這是一款在美國酷熱季節非常受歡迎的無酒精飲料，它由糖、安格仕苦精、一長條檸檬皮捲和薑汁汽水組成。這道酒譜收錄於 1908 年出版的《安格仕苦精指南》。在 1910 年代，人們在酒譜添加了波本威士忌，接著又加入其他烈酒，如今最受歡迎的材料是使用干邑白蘭地調製。馬頸在美國的俱樂部內相當風行，在法國干邑地區，它多作為餐前酒飲用。

材料

- 50ml 尚 - 呂克・柏斯卡有機干邑白蘭地（l' Organic de Jean-Luc Pasquet）
- 1 抖振安格仕苦精
- 適量薑汁汽水

調製方法

使用果菜削皮器或果菜刀，削出跟酒杯一樣高度的長條檸檬皮捲。為了讓果皮垂直固定在酒杯中，請將它輕輕捲起，用手握住幾秒鐘，然後把它舒展至最長，再放進酒杯中。加入冰塊、干邑白蘭地、苦精並補滿薑汁汽水。使用吧叉匙攪拌幾秒鐘，裝飾後即可上桌。

酒杯

高球杯

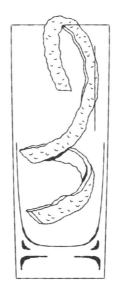

冰塊類型

方冰塊

裝飾物、妝點食材

加入 1 長條未上蠟的檸檬皮捲，附上 1 支攪拌棒。

雞尾酒品飲

馬頸是調酒師特別喜愛的高球類雞尾酒，這是一款能以不同方式挖掘干邑風味的精緻長飲。

皮康高球 Picon Highball

材料

- 30ml 皮康苦味橙香開胃酒
- 1 抖振紅石榴糖漿
- 氣泡水
- 1 片柳橙

菲奈特高球 Fernet Highball

起源

菲奈特布蘭卡利口酒（可樂）是阿根廷的國民飲料。2015 年，我在雷恩的夜間酒吧廣場（La Place）雞尾酒大賽中重新調整這道酒譜。我用一個黑色酒杯裝這款高球雞尾酒，調酒師們必須盲飲猜出酒譜中的成分。

材料

- 40ml 菲奈特布蘭卡利口酒
- 120ml 可樂
- 最後滴上幾滴古巴哈瓦那咖啡香精

吉拿高球 Cynar Highball

材料

- 40ml 吉拿酒
- 20ml 墨萊特黑醋栗干邑白蘭地
- 1 條未上蠟的檸檬皮捲
- 適量薑汁汽水

裝飾物、妝點食材

附上 1 支攪拌棒

其他……

白蘭地高球：VS 干邑白蘭地、薑汁汽水。
卡爾瓦多白蘭地高球（Calvados Highball）：卡爾瓦多達波瓦莊園蘋果白蘭地、未上蠟檸檬角、小黃瓜皮。
蘇格蘭高球：蘇格蘭威士忌、氣泡水或是檸檬汽水。

琴通寧 Gin & Tonic

起源

十多年前重新席捲西班牙、暱稱「G & T」的琴通寧,在當代——所謂完美服務(perfect serve)的調酒儀式中脫胎換骨。這款高球雞尾酒的重生,帶動了無數琴酒品牌和小型釀酒廠的興起,某些酒商還提供多種加入香味、優質的琴酒選擇。

十年前,市面唯一見到的是舒味思印度通寧水(Schweppes Indian Tonic)。近年,通寧水市場正在蓬勃發展,而這領域的先鋒最近推出頂級系列(Premium Mixer)。過去,琴通寧這款高球雞尾酒在俱樂部大量被飲用;近來,琴通寧的消費方式有了轉變,如今它多裝在放滿冰塊的大球型杯,作為開胃酒飲用。

材料

- 50ml 你喜愛的琴酒
- 適量通寧水

調製方法

在一個預先冰鎮的大葡萄酒杯中,倒入你喜愛的琴酒,再加入頂級通寧水,使用吧叉匙攪拌一下,裝飾後立刻端上桌。

酒杯

球型杯或是高球杯(裝盛更經典的琴通寧)

冰塊類型

方冰塊

裝飾物、妝點食材

琴酒裝飾同樣地有了演變:它根據使用的琴酒類型而變異,最常見的裝飾是果皮形式或切成角狀的食材(檸檬、萊姆、葡萄柚或小黃瓜,有時候還有各種香辛料)。

幾款琴通寧調飲例子

坦奎利 10 號琴酒(Tanqueray Ten)+ 通寧水 + 在酒杯上方噴附葡萄柚精油,皮捲放入杯中。

絲塔朵琴酒(Citadelle)+ 通寧水 + 在酒杯上方噴附檸檬皮油,皮捲放入杯中,輔以一些香辛料(例如丁香)。

普利茅斯琴酒(Plymouth)+ 通寧水 + 在酒杯上方噴附萊姆角的皮油,皮捲放入杯中。

亨利爵士琴酒(Hendrick's)+ 通寧水 + 2 片小黃瓜圓切片。

自由古巴 Cuba Libre

起源

自由古巴在 20 世紀初發源於古巴，當時最富盛名的美國可口可樂正引進當地。從調酒歷史學家安納塔西亞・米勒（Anistatia Miller）和賈里德・布朗（Jared Brown）合著的《古巴調酒》（Cuban Cocktails）一書可以得知，自由古巴在 1910 年代哈瓦那的美國俱樂部已經開始販售。在貝西・武恩（Basil Woon）1928 年的著作《在古巴的雞尾酒年代》（When it's Cocktail Time in Cuba）中，將它歸類為高球類飲料。這也是全世界最熱銷的長飲之一。

材料

- 50ml 哈瓦那俱樂部 3 年蘭姆酒
- 1 顆萊姆角
- 適量冰涼可樂

調製方法

直接在裝入三分之二滿冰塊的高球杯中，倒入蘭姆酒和可樂。噴附萊姆角的皮油，將皮捲放進酒杯，使用吧叉匙攪拌幾秒鐘後，即可上桌。

酒杯

高球杯

冰塊類型

方冰塊

雞尾酒品飲

在晚會上大受好評的長飲。附上 2 根吸管。

調飲變化

古巴塔（Cubata）：哈瓦那俱樂部 7 年蘭姆酒、可樂。

☰ 騾子 Mule

雞尾酒系譜通常是根據一個原始酒譜而衍生出不同的版本。莫斯科騾子（Moscow Mule）即為一例，它在 1941 年發源於美國，並造就騾子種類雞尾酒的開枝散葉。在裝入三分之二滿冰塊的高球杯中直調；它由一種烈酒、萊姆汁組成，最後補滿薑汁啤酒。

琴琴騾子 Gin Gin Mule

起源

奧黛莉·桑德斯（Audrey Saunders）於 2004 年在勃固俱樂部（Pegu Club）發明了這款雞尾酒。

材料

- 50ml 坦奎利 10 號琴酒
- 15ml 鮮榨萊姆汁
- 15ml 糖漿
- 2 枝新鮮美麗的帶葉薄荷
- 30ml 自製薑汁啤酒

調製方法

在大雪克杯中放入冰塊至三分之二滿，在上蓋中搗壓薄荷葉、糖和檸檬，加入剩餘材料，用力搖盪 10 至 12 秒，使用濾網雙重過濾，倒進裝盛的酒杯中。裝飾後即可上桌。

酒杯

高球杯

冰塊類型

方冰塊

裝飾物、妝點食材

1 顆萊姆角、糖漬薑片、新鮮薄荷，附上 2 根吸管。

雞尾酒品飲

琴琴螺子是一款當代長飲，跟莫斯科騾子和莫希托非常相似。如果你自己花費時間製作薑汁啤酒，絕對不會對味道感到失望，一般的碳酸薑汁啤酒完全比不上。另外，可以使用英式倫敦琴酒 24（Gin Beefeater 24）取代坦奎利 10 號琴酒，後者的酒精濃度為 45%。

哈瓦那騾子 Havana Mule

起源

2015 年哈瓦那俱樂部（Havana Club）推出咖啡香精（Essence）的時候，我發明了這款雞尾酒。

材料

- 50ml 哈瓦那俱樂部 7 年蘭姆酒
- 15ml 自製鳳梨糖漿
- 1/2 顆未上蠟的萊姆切丁
- 適量薑汁啤酒
- 3-4 滴哈瓦那咖啡香精

調製方法

把萊姆丁和鳳梨糖漿一起搗壓，並將冰塊倒滿酒杯，加入蘭姆酒和薑汁啤酒，使用 1 支吧叉匙攪拌幾秒鐘後，最後加入幾滴哈瓦那咖啡香精，附 2 根吸管，即可上桌。

酒杯

高球杯

冰塊類型

方冰塊

裝飾物、妝點食材

不需要

雞尾酒品飲

這款騾子特別富有異國風味：陳年古巴蘭姆的結構、木桶香味以及香草味道，與鳳梨汁和咖啡完美結合一起，薑汁啤酒更為這長飲添加了風味。

自製食譜

薑汁啤酒：

- 3.5L 礦泉水
- 450g 新鮮切成薄片的生薑
- 12g 棕糖或龍舌蘭蜜
- 60ml 鮮榨萊姆汁

在平底鍋中把水煮開，然後關掉爐火。加入薑片，浸泡 1 小時。使用濾網過濾所有材料，記得以搗棒把薑碾進濾網，盡可能榨取出越多的汁液。加入龍舌蘭蜜和萊姆汁，攪拌所有材料，裝入瓶子存放於陰涼處幾天。

其他……

梅斯卡爾騾子（Mezcal Mule）
吉姆・米漢（Jim Meehan）創作於 2009 年：在雪克杯中壓碎 4 片新鮮小黃瓜薄片，甩 1 抖振龍舌蘭蜜，倒入 20ml 鮮榨萊姆汁、20ml 百香果泥、30ml 自製薑汁啤酒和 45ml 梅斯卡爾。裝在放滿方冰塊的古典杯中，以糖漬薑片、新鮮小黃瓜和辣椒粉裝飾。

牙買加騾子
2001 年由亨利・貝森特（Henry Besant）於倫敦桑德森旅館（Sanderson Hotel）發明：50ml 牙買加深色蘭姆或是香料蘭姆酒、25ml 鮮榨萊姆汁、15ml 香草糖漿、3 片新鮮薑片。搖盪後，倒入放滿方冰塊的高球杯中，補滿薑汁啤酒，使用 1 個萊姆角裝飾，即可上桌。

莫斯科騾子 Moscow Mule

起源

約翰・G・馬丁（John G. Martin）和傑克・摩根（Jack Morgan）在 1941 年於美國發明這款雞尾酒。那時約翰・馬丁在美國剛收購了一間伏特加經銷商思美洛（Smirnoff）；而傑克是「雞與牛」（Cock'n Bull）餐廳的創辦人，打算推出旗下的薑汁啤酒品牌。當他們兩人在紐約的查塔姆（Chatam）酒吧相遇，靈機一動把兩人的產品加上少量萊姆汁混合在一起，莫斯科騾子就此誕生！為了促銷他們的雞尾酒，傑克發想使用思美洛品牌的銅製馬克杯來裝雞尾酒，掀起伏特加在美國的銷售熱潮。

薑汁啤酒：一種源自牙買加的非酒精氣泡飲料，藉由新鮮生薑製成的汁液，裝瓶發酵而成。它在英國相當受到歡迎，與清淡爽口的薑汁汽水相反，薑汁啤酒的生薑味濃郁多了。

材料
- 50ml 思美洛黑鑽伏特加（Smirnoff Black）
- 10ml 鮮榨萊姆汁
- 適量薑汁啤酒

調製方法
在酒杯中放入三分至二滿的冰塊，按照酒譜指示依序倒入材料，使用吧叉匙攪拌，裝飾並附上兩根吸管。

酒杯
銅製馬克杯（copper mug）

冰塊類型
方冰塊

雞尾酒品飲
解渴並微帶辛香的長飲料。某些調酒師喜歡在服務前加入幾滴安格仕苦精。

調飲變化
黑暗與風暴（Dark & Stormy）：百慕達戈斯林黑蘭姆酒（Black Seal Bermudes Rhum）、萊姆、薑汁啤酒。

※ 可以用牙買加深色蘭姆酒代替百慕達戈斯林黑蘭姆酒。

以檸檬為基底的雞尾酒

● 可林斯 ● 瑞奇 ● 酸酒 ● 費茲

瑞奇和可林斯的組合成分一樣，只是瑞奇不含糖，所以很容易區分兩者。費茲和可林斯同樣非常相似，兩者的差別只在於調製方式：可林斯使用直調法，費茲用搖盪法。最後一點，費茲是酸酒的長飲版本。酸酒可能是見習調酒師最難駕馭的雞尾酒，它的掌握取決於甜味和酸味之間的平衡，這是每位調酒師隨著經驗值而增進的基本功。事實上，一杯好喝的雞尾酒經常是一種甜味（糖漿、利口酒……）和一種酸味或苦味（柑橘、苦精……）之間取得完美平衡的結果。

 可林斯 Collins

第一杯可林斯源於 1810 年，由倫敦利莫旅館（Limmer's Old House）領班經理約翰・可林斯所發明。原創酒譜包含杜松子酒（Genever）——一種帶有濃厚杜松子香氣的荷蘭琴酒。根據調酒大師薩爾瓦托雷・卡拉布雷斯（Salvatore Calabrese）指出，這款食譜於 1880 年在美國流行普及，當時一位調酒師想出了使用老湯姆杜松子酒（Old Tom gin，一種較溫和的英國杜松子酒）取代杜松子酒，因此他命名這款酒為湯姆可林斯（Tom Collins）。可林斯在裝滿冰塊的高球杯直調，由一種烈酒、檸檬汁和糖組成，最後補滿氣泡水。傳統上它以一片檸檬和酒漬櫻桃裝飾。

弗雷迪可林斯 Freddy Collins

起源

米凱・馬斯（Mickael Mas）於 2016 年在巴黎重力酒吧（Gravity Bar）創造的可林斯當代變奏版。

成分

- 20ml 自製小黃瓜糖漿
- 20ml 鮮榨檸檬汁
- 10ml 阿夸維特酒（Aquavit）
- 20ml 海尼根啤酒

調製方法

在裝滿冰塊的高球杯中，倒入果汁、阿夸維特酒，使用吧叉匙攪拌幾秒鐘，填滿海尼根啤酒，輕輕攪拌後端上桌。

酒杯

高球杯

冰塊類型

方冰塊

裝飾物、妝點食材

新鮮小黃瓜、1 株新鮮香菜。

雞尾酒品飲

弗雷迪可林斯的構思非常有趣，它是一款低酒精濃度的長飲料，可以在夏天的任何時機飲用。小黃瓜糖漿為雞尾酒帶來清爽口感，可使用琴酒代替阿夸維特。

湯姆・可林斯 Tom Collins

湯姆・柯林斯更常使用倫敦乾杜松子酒製成，因為它比市場上罕見的老湯姆杜松子酒更容易獲得。

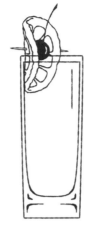

材料
- 50ml 絲塔朵老湯姆琴酒（Citadelle Old Tom Gin）
- 25ml 鮮榨黃檸檬汁
- 15ml 糖漿
- 適量氣泡水

調製方法
依據酒譜指示的順序，直接在裝滿冰塊的酒杯中倒進材料，使用吧叉匙攪拌幾秒鐘，裝飾後即可上桌。

酒杯
高球杯

冰塊類型
方冰塊

裝飾物、妝點食材
1 片黃檸檬、酒漬櫻桃。附上 2 根吸管。

雞尾酒品飲
屬於清爽解渴的長飲，是開胃酒的理想選擇。

相同基底的其他款可林斯建議：

約翰可林斯（杜松子酒）

美式約翰可林斯（波本或是裸麥威士忌）

皮埃爾可林斯 Pierre Collins（VS 干邑白蘭地、芒第佛城堡 montifaud）

羅恩可林斯 Ron Collins ♥（哈瓦那俱樂部 3 年蘭姆酒）：2011 年在哈瓦那的雞尾酒競賽中創作出的酒款。

蘭姆可林斯 Rum Collins ♥（農業型白蘭姆酒、馬丁尼克島克萊蒙藍蔗 Rhum Blanc Agricole Clément Canne Bleue）：在第 1 屆小潘趣世界盃（Ti Punch Cup）決賽，於馬丁尼克島的克萊蒙住宅區（L'habitation Clément）創作出的調酒。

♥：約恩的最愛

酸酒 Sour

美味酸酒
The Delicious Sour ♥

起源

19 世紀末。

材料

- 50ml 布列塔尼蘋果酒白蘭地（Fine Bretagne Glycine）
- 20ml 墨萊特葡萄園蜜桃香甜酒
- 20ml 鮮榨檸檬汁
- 1 抖振糖漿
- 1 顆蛋白

備註 可以把布列塔尼蘋果白蘭地替換為卡爾瓦多斯或是蘋果傑克（Applejack）。

蘋果傑克是美國出產的蘋果蒸餾酒，最出名的品牌為萊爾德蘋果傑克（Laird's Applejack）。

調製方法
乾搖盪

酒杯
葡萄酒杯

冰塊類型
方冰塊

裝飾物、妝點食材
檸檬擠完皮油後放入酒杯、裝飾以酒漬櫻桃。

雞尾酒品飲
美味酸酒恰如其名，蘋果酒白蘭地與蜜桃香甜酒的結合是絕配！

♥：約恩的最愛

「Sour」在英文意指酸味。這款短飲型雞尾酒源自 18 世紀的英國，與潘趣酒同樣是最古老的雞尾酒種類。酸酒是在雪克杯中以乾搖盪法（參見第 44 頁）搖製，並裝在放滿冰塊的古典杯或是葡萄酒杯中。它由 1 種烈酒、鮮榨檸檬汁、糖和 1 顆蛋白組成，後者添加滑順奶油質感。傳統上，酸酒類雞尾酒以 1 顆櫻桃或是 1 條橙皮捲裝飾。最受歡迎的酒譜為威士忌酸酒。

加勒比海酸酒 ♥

起源

2015 年阿馬羅安格仕利口酒（Amaro di Angostura）上市的時候，我發明了這款雞尾酒。

材料

- 40ml 美讚圭亞那蘭姆酒（Mezan Guyana Rum）
- 20ml 阿馬羅安格仕（Amaro di Angostura）
- 5ml 自製香草（或粗粒紅糖）糖漿
- 20ml 鮮榨檸檬汁
- 1 顆新鮮蛋白
- 端上前加入微量薑汁啤酒

調製方法
乾搖盪

酒杯
古典杯

冰塊類型
不需要

裝飾物、妝點食材
現磨肉桂粉、檸檬噴附皮油後丟棄皮捲。

雞尾酒品飲

這款酸酒的深焦色近似著名的安格仕苦精，其香氣涵蓋梨子、肉桂和其他辛香。在口中的香氣濃郁，一定會讓你聯想到加勒比海的芳香。此酒非常適合近傍晚時刻飲用。

兩款與酸酒相近的雞尾酒家族

黛西（Daisy）：為用搖盪法調製的短飲，裝在放滿碎冰的碟型香檳杯或古典杯。它由 1 種烈酒、檸檬或是較不酸的萊姆（使用紅石榴或杏仁糖漿調和），以當季水果裝飾。最受歡迎的酒譜是黛西蘭姆（Rum Daisy）：50ml 巴貝多蘭姆酒（Barbados Rum）、15ml 鮮榨萊姆汁、15ml 紅石榴汁。

菲克斯（Fix）：調製方式和黛西類調酒相同，只需要使用鳳梨糖漿替代紅石榴糖漿即可，然後加入 10ml 黃色夏特勒茲或是櫻桃白蘭地。最受歡迎的酒譜是白蘭地菲克斯（Brandy Fix）：50ml VS 或 VSOP 級干邑白蘭地、10ml 黃色夏特勒茲、15ml 鮮榨檸檬汁、15ml 鳳梨糖漿。

威士忌酸酒 Whiskey Sour

起源

以干邑為基底的雞尾酒和混合飲料在美國曾經非常受歡迎，直到 1870 年代的根瘤蚜蟲危機摧毀了夏朗德省的大部分葡萄園。由於干邑白蘭地的產量縮減，而使美國的威士忌乘勢而起，它逐漸在當時的許多飲料中取代干邑（朱莉普、賽澤瑞克、白蘭地酸酒等），威士忌酸酒就是在這一時期開始流行普及起來的。

材料

- 50ml 渥福波本威士忌（Woodford Reserve Bourbon）
- 25ml 鮮榨檸檬汁
- 15ml 糖漿材
- 1 顆新鮮蛋白
- 1 抖振安格仕苦精

調製方法

乾搖盪

酒杯

古典杯

冰塊類型

方冰塊

裝飾物、妝點食材

1 片檸檬乾、酒漬櫻桃。

雞尾酒品飲

酸甜之間的完美平衡。

相同配方的其他款酸酒建議：

白蘭地酸酒：皮耶費朗 1840 干邑白蘭地（Ferrand 1840 Cognac）。

皮斯可酸酒 Pisco Sour：裝盛在一個大碟型香檳杯，以肉桂粉裝飾。

紐約酸酒 New York Sour：這是盛在大容量碟型香檳杯的威士忌酸酒，最後倒入大量波爾多紅葡萄酒收尾。調製方法參見第二十一課，第 115 頁。

歐陸酸酒 Continental Sour：這是裝在大容量碟型香檳杯的白蘭地酸酒，最後倒入大量波爾多紅葡萄酒。

琴酸酒：絲塔朵琴酒。

蘭姆酸酒：牙買加阿普爾頓莊園蘭姆酒、安格仕苦精、杜蘭朵（El Dorado）蘭姆酒……。

艾普羅酸酒 Aperol Sour：艾普羅利口酒。

杏仁香甜酸酒 Amaretto Sour：使用迪莎蘿娜杏仁香甜利口酒（Disaronno）。

 瑞奇 Rickey

這個長飲類雞尾酒於 1880 年由喬瑞奇（Joe Rickey）上校在美國發明。瑞奇的特別之處，在於它不含糖，和可林斯相反。它適合那些清爽口感和不加糖雞尾酒的愛好者。瑞奇是在加入少量冰塊的古典杯或矮平底杯直調，由 1 種烈酒、萊姆汁和氣泡水組成。

喬瑞奇 Joe Rickey

材料

- 50ml 裸麥威士忌
- 20ml 鮮榨萊姆汁
- 氣泡水

調製方法

在古典杯中倒入裸麥威士忌、萊姆汁，再加入幾顆方冰塊，補滿氣泡水，使用吧叉匙攪拌幾秒鐘，裝飾後即可上桌。

裝飾物、妝點食材

1 顆萊姆角，附上用來攪拌的小湯匙。

雞尾酒品飲

加入波本威士忌的口感顯辛辣，若加入裸麥威士忌的口感則會更辛辣。

杏桃瑞奇 Apricot Rickey ♥

材料

- 50ml 杏桃白蘭地（墨萊特杏月利口酒，Lune d'abricot Merlet）

♥：約恩的最愛

- 20ml 鮮榨萊姆汁
- 氣泡水

使用 1 個萊姆角裝飾，附 1 支小湯匙。這道酒不但美味且酒精濃度很低。

瑞奇 Don Q ♥

- 50ml 波多黎各 Don Q 金色蘭姆酒瑞奇
- 20ml 鮮榨萊姆汁
- 氣泡水

瑞奇可以混搭各種拉丁風格的清淡白蘭姆酒。

其他……

- 琴瑞奇（Gin Rickey）
- 野莓琴瑞奇（Sloe Gin Rickey）
- 柑橘瑞奇（Mandarine Rickey）：收錄於大衛·恩伯里（David A. Embury）1948 年的著作《調酒的藝術》（The Fine Art of Mixing Drinks）：使用吉法柑橘利口酒。
- 蘇格蘭威士忌瑞奇（Scotch Rickey）

四 費茲 Fizz

這款長飲型雞尾酒在 1870 年代出現於美國，它與可林斯相近，但使用搖盪法調製，並且裝在一個不加冰塊的高球杯中。費茲是酸酒的長飲版本，由於它在雪克杯中調製，故味道比較清淡。此外，費茲多不加冰塊飲用，因此預先冰鎮好酒杯是很重要的。

芝加哥費茲 Chicago Fizz

起源

2008 年我於 A. S. 克羅克特（A. S.Crockett）撰寫的《老華爾道夫──阿斯托利亞酒吧誌》（The Old Waldorf-Astoria Bar Book）一書中，發現了這道酒譜。

材料

- 25ml 牙買加阿普爾頓莊園 12 年蘭姆酒
- 25ml 安德森茶色波特酒（Red Porto Tawny Andresen）
- 25ml 鮮榨檸檬汁
- 1 吧匙糖漿
- 1 顆蛋白
- 氣泡水

調製方法

乾搖盪

酒杯

高球杯

冰塊類型

不需要

拉莫斯琴費茲 Ramos Gin Fizz （紐奧良費茲）

起源

1888 年亨利·C·莫斯在紐奧良自己的酒吧中所創作。直到禁酒令開始時，他的兄弟查爾斯·亨利·拉莫斯（Charles Henry Ramos）才公開這道配方。拉莫斯琴費茲變成一款享譽世界的經典調酒，據說這道長飲必須搖盪至少 7 分鐘才能搖出滑順的質地。

材料

- 50ml 普利茅斯琴酒
- 15ml 鮮榨檸檬汁
- 15ml 鮮榨萊姆汁
- 3 滴橙花水
- 1 顆蛋白
- 50ml 低脂液態鮮奶油
- 1 抖振糖漿
- 1 抖振 / 少量氣泡水

調製方法

搖盪法

酒杯

高球杯

裝飾物、妝點食材

新鮮薄荷枝

雞尾酒品飲

酸甜之間完美平衡，當它搖得完美均勻時，會調出非常罕見的質地！如果你是專業調酒師，最好避免把這款酒收進酒單，因為這道長飲的調製時間太冗長了。從另方面來說，如果你們是一群人在家中舉辦晚會，這倒是款非常適合與他人分享的長飲，用雪克杯接力傳給每個人，在歡聲笑語中搖盪和享用吧！

琴費茲 Gin Fizz

起源

1870 年代發源於美國，琴費茲隨後衍生了一整個長飲家族。這是同類型雞尾酒中，最受歡迎的一款。經典的琴費茲是不加蛋白調製而成；加入蛋白的稱作銀費茲，如果加入蛋黃則稱為金費茲。我自己就是琴費茲的愛好者，透過這道酒譜，我跟你分享祕方：只要在經典配方中，加入些許蛋白，雞尾酒將會不同凡響！

材料

- 50ml 絲塔朵琴酒
- 25ml 鮮榨檸檬汁
- 15ml 糖漿
- 微量新鮮蛋白
- 適量氣泡水

調製方法

乾搖盪

酒杯

冰鎮高球杯

冰塊類型

不需要

裝飾物、妝點食材

檸檬皮捲噴附皮油後放入酒杯、酒漬櫻桃。

雞尾酒品飲

清淡、微酸且生津解渴。在酒譜中加入些許蛋白讓雞尾酒變得截然不同，這可是調酒師的祕訣；有些人更偏好加入一匙奶油，讓口感一致。

調飲變化

晨光費茲（Morning Glory Fizz）：60ml 蘇格蘭調和威士忌、1 抖振糖漿、10ml 檸檬汁、10ml 萊姆汁、1 抖振佩諾苦艾酒、1 顆蛋白，最後倒滿氣泡水。附上方冰塊，使用跟琴費茲相同的裝飾物。非常適合近中午或是傍晚時刻飲用。

第八課 練習題

練習一 認識雞尾酒類型

1 哪一個是琴霸克的酒譜？

○ 琴酒、萊姆角、薑汁汽水　　○ 琴酒、檸檬角、薑汁汽水　　○ 琴酒、萊姆角、氣泡水　　○ 琴酒、檸檬角、檸檬汽水

2 哪一項是琴琴騾子的酒譜？

○ 琴酒、新鮮薄荷、檸檬汁、薑汁啤酒　　○ 琴酒、新鮮薄荷、萊姆汁、糖漿、薑汁汽水　　○ 琴酒、新鮮薄荷、萊姆汁、糖漿、自製薑汁啤酒　　○ 琴酒、新鮮薄荷、檸檬汁、糖漿、檸檬汽水

3 哪款高球雞尾酒是裝在葡萄酒杯中的？

○ 馬頸　　　　○ 自由古巴　　　　○ 琴通寧　　　　○ 吉拿高球

練習二 複習一下歷史吧！

將雞尾酒和它們的發源地連起來。

自由古巴　●

莫斯科騾子　●

黑暗與風暴　●

琴霸克　●

牙買加騾子　●

梅斯卡爾騾子　●

哈瓦那騾子　●

● 攪拌法

● 百慕達

● 美國

● 古巴

● 英國

● 法國

練習三 訓練自己！

本練習的目的是利用現成材料製作出你個人的長飲酒單。

這些都是適合派對的雞尾酒，而且非常容易製作。

烈酒：干邑白蘭地 ●　古巴蘭姆酒 ●　蘇格蘭威士忌 ●　愛爾蘭威士忌 ●　伏特加 ●　琴酒

氣泡類飲料：氣泡水 ●　薑汁汽水 ●　薑汁啤酒

柑橘類水果：萊姆 ●　檸檬

你個人的印象

試作一號酒	試作二號酒	試作三號酒
品酒分數：...../5	品酒分數：...../5	品酒分數：...../5

第九課 練習題

練習一 製作雞尾酒的必備酒款

連連看雞尾酒使用的基酒：

湯姆可林斯 ●　　　　　　　● 裸麥威士忌

喬瑞奇 ●　　　　　　　● 干邑白蘭地

經典約翰可林斯 ●　　　　　　　● 老湯姆琴酒

美味酸酒 ●　　　　　　　● 荷蘭琴酒

歐陸酸酒 ●　　　　　　　● 布列塔尼蘋果酒或卡爾瓦多斯蘋果白蘭地

練習二 複習一下歷史吧！

❶ 湯姆可林斯源自何處？

○ 倫敦　　　　　○ 巴黎　　　　　○ 紐約　　　　　○ 柏林

❷ 哪一款利口酒是加勒比海酸酒的成分？

○ 聖杰曼接骨木　　　○ 阿馬羅安格仕　　　○ 瑞典多林草本　　　○ 櫻桃白蘭地
花利口酒　　　　　　利口酒　　　　　　利口酒

❸ 哪些種類的雞尾酒是從酸酒演變而來？

○ 瑞奇　　　　　○ 費茲　　　　　○ 酷伯樂　　　　　○ 桑格麗

❹ 哪款雞尾酒源自紐奧良，必須搖盪 5 分鐘以上？

○ 琴費茲　　　　　○ 綠色蚱蜢　　　　　○ 琴酸酒　　　　　○ 拉莫斯琴費茲

練習三 訓練自己！

加蛋白和不加蛋白的酸酒有何不同？搖盪、品嚐和比較看看！

加蛋白的威士忌酸酒

材料
50ml 波本酒
25ml 新鮮檸檬汁
15ml 糖漿
1 顆蛋白
1 抖振安格仕苦精

調製方法
在上蓋中攪拌檸檬汁和糖，直到溶解均勻。加入波本酒，搖盪後以隔冰匙過濾冰塊，雞尾酒倒入酒杯，使用濾網仔細地雙重過濾，以便調出風味均勻的雞尾酒。

不加蛋白的威士忌酸酒

材料
50ml 波本酒
25ml 新鮮檸檬汁
1 大吧匙的白砂糖

視覺的差異（顏色、鮮豔度、質地）

味覺的差異（味道、口感、後味、平衡）

氣味的差異（清新、香氣）

品酒分數：...../5　　　　　　　　　品酒分數：...../5

你可以使用琴酒做同樣的練習，它是酸酒的長飲版本。

以葡萄酒為基底的雞尾酒

● 酷伯樂 ● 桑格麗

酷伯樂和桑格麗是兩個被遺忘的雞尾酒家族。它們曾經在美國非常流行，直到 19 世紀末為止。這兩種雞尾酒渴望被重新挖掘。酷伯樂和桑格麗是酒精濃度低、清涼解渴的飲料，與斯比滋氣泡雞尾酒的精神一致，但會加入碎冰來飲用。它們通常含有加烈酒成分，如波特酒或雪利酒。

酷伯樂 Cobbler

這款長飲在 19 世紀初期發源於美國。酷伯樂是直接在雪克杯中調製的，加入碎冰，裝盛在葡萄酒杯。酷伯樂的基本材料有加烈酒（VDL）、砂糖、柳橙或檸檬角。且以當季水果裝飾，並附兩根吸管。最受歡迎的一道酒譜為雪莉酷伯樂。

一般來說，酷伯樂在酒杯中直調即可，但當我 2008 年在倫敦試做這款酒時，我發現使用雪克杯調製出的酷伯樂更美味。

雪莉酷伯樂 Sherry Cobbler

起源

雪莉酷伯樂在 19 世紀下半葉曾經非常風行。它在夏天極受好評。

材料

- 120ml 菲諾（Fino）雪莉
- 3 大片柳橙角
- 1 大匙白砂糖

調製方法

在底杯中裝入方冰塊至三分之二滿，在上蓋搗壓柳橙角和糖，以榨取出最多的汁液，再倒入雪莉酒。密合兩個雪克杯，用力搖盪 10 多秒，然後倒進裝滿碎冰的葡萄酒杯中。裝飾後即可上桌。視需要再加滿碎冰。

酒杯

葡萄酒杯

冰塊類型

碎冰

裝飾物、妝點食材

新鮮或是糖漬柳橙片、紅色水果。附 2 根吸管。

雞尾酒品飲

這是一款低酒精濃度且非常順口的雞尾酒，Shelly（雪莉酒）是西班牙的葡萄酒（赫雷斯 Jerez 或 Xérès），可以在賣場的外國葡萄酒架上或專業酒商那找到。這款受人遺忘的雞尾酒很美味，適合夏季飲用。

其他還有……

波特酷伯樂（經典）：80ml 安德森茶色波特酒、3 個新鮮柳橙角、1 大匙砂糖。

白酷伯樂（Bianco Cobbler）：80ml 魯坦白色香艾酒、3 個未上蠟的檸檬角、1 吧匙砂糖。使用新鮮柑橘和新鮮薄荷裝飾。2014 年，在雷恩職業學校一堂關於遺忘的雞尾酒課程中，我和國際調酒培訓班的學生們一起創造出這款酒。

二 桑格麗 Sangaree

桑格麗是一個源於英屬西印度群島的雞尾酒種類，其歷史可以追溯至 19 世紀初。桑格麗在加入碎冰的葡萄酒杯直調，成分包含烈酒、糖和加烈酒或是以葡萄酒為基底的開胃酒。另以肉豆蔻磨粉裝飾。

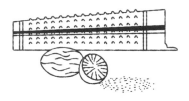

白蘭地桑格麗（改良版）

材料

- 45ml 馬爹利 VSOP 干邑白蘭地
- 5ml 糖漿毫升
- 25ml 安德森茶色波特酒
- 肉豆蔻磨粉

白酒桑格麗

起源

2016 年我在 Element Eight 香料蘭姆酒上市時，創作了這款雞尾酒。

材料

- 45ml Element 8 異國香料蘭姆酒
- 15ml 接骨木糖漿

備註 可以使用其他的香料蘭姆酒代替 Element 8 異國香料蘭姆酒，但請盡可能選擇香氣最濃郁的一款。

調製方法

用吧叉匙攪拌所有材料幾秒鐘，再加入碎冰，最後倒入 1 滴不甜香艾酒，使其飄浮在酒液上。

裝飾物、妝點食材

使用新鮮生薑、柳橙果皮和肉豆蔻磨粉裝飾，附上 2 根吸管。

傑西桑格麗 Jersey Sangaree

起源

2008 年，倫斯敦（Lonsdale）的調酒師史蒂芬・馬森（Stephan Masson）讓我得到這道酒譜。倫斯敦是一間位於諾丁山的倫敦經典雞尾酒吧，可謂 2000 年代最棒的雞尾酒吧之一。

材料

- 25ml 坦奎利 10 號琴酒
- 4 滴安格仕柑橘苦酒
- 10ml 蘇茲龍膽利口酒
- 10ml 黃色夏特勒茲
- 25ml 礦泉水
- 1 抖振諾利普拉琥珀苦艾酒漂浮

裝飾物、妝點食材

新鮮柑橘、肉桂棒、柳橙果皮屑。

蘭姆桑格麗

起源

2005 年我為法國蘭姆酒雜誌《Rumporter》創作了這款酒。

材料

- 55ml Malteco 蘭姆酒 10 年
- 5ml 紅石榴糖漿
- 5ml 杏桃白蘭地（墨萊特杏月利口酒）
- 10ml 雅馬邑白福爾（Folle Blanche）葡萄酒
- 碎冰
- 最後加入 20ml 紅麗葉酒（Lillet Rouge）

第十課 **練習題**

練習一 測驗你的知識

❶ 哪種冰塊會用在酷伯樂和桑格麗的調酒中？

◯ 方冰塊　　　　　　　　　　　◯ 手鑿冰

◯ 碎冰　　　　　　　　　　　　◯ 不加冰塊

❷ 哪一項是酷伯樂的裝飾物？

◯ 肉豆蔻磨粉　　　　　　　　　◯ 當季水果

◯ 柳橙皮捲　　　　　　　　　　◯ 新鮮覆盆子

❸ 哪一項是桑格麗的基本組合？

◯ 加烈酒、糖、柳橙角　　　　　◯ 烈酒、糖、加烈酒

◯ 天然甜酒、糖、檸檬角　　　　◯ 烈酒、糖、檸檬

練習二 訓練自己！

這項練習的目的是調製出兩杯經典桑格麗，然後從選出的產品中創作出屬於自己的桑格麗。在這個練習中，需要準備充足的碎冰。

提醒　桑格麗的基本成分有基酒、加烈酒或是以葡萄酒為基底的開胃酒。桑格麗在葡萄酒杯中直調，加入碎冰，以肉豆蔻磨粉裝飾。

❶ 試作兩款現存雞尾酒

依據你的喜愛，調製兩款桑格麗：加入基酒的版本，如威士忌桑格麗；或是加入加烈酒，例如雪莉桑格麗。

威士忌桑格麗 WHISKEY SANGAREE

材料

50ml 裸麥威士忌
5ml 糖漿
25ml 波特酒
碎冰
以肉豆蔻磨粉裝飾，附上 2 根吸管。

雪莉桑格麗 SHERRY SANGAREE

材料

80ml 菲諾（Fino）雪莉
5ml 糖漿
碎冰
以肉豆蔻磨粉裝飾，附上 2 根吸管。

你的印象

品酒分數：.....⁄5　　　　　　　　　　　品酒分數：.....⁄5

❷ 調製自己的桑格麗

依據你的喜愛，從下列材料自由調製兩款桑格麗：

哈瓦那俱樂部 7 年蘭姆酒 ●　VSOP 干邑白蘭地 ●　卡爾瓦多斯 Réserve

白砂糖或棕砂糖 ●　蜂蜜糖漿 ●　薑味糖漿 ●　皮爾苦味葡萄酒 Byrrh ●　白香艾酒 ●　紅酒

試作一號酒	試作二號酒	試作三號酒
材料	材料	材料
你的印象	你的印象	你的印象
品酒分數：.…/5	品酒分數：.…/5	品酒分數：.…/5

無酒精雞尾酒 Mocktail

一 無酒精果香雞尾酒

因雞尾酒的重新復興，軟性飲料（soft drink）於 2015 年在法國開始真正地問世。果汁和甜果泥的混合飲料走入了歷史……近年來，無酒精調酒已經成為與帶酒精調酒一樣精緻的飲料。除了受到孕婦的青睞外，也受到那些尋找健康飲品（融合新鮮、當季和優質食材）的消費者喜愛。無論是果香、微酸型、可口美味、解渴型或添加香料的無酒精雞尾酒，總是裝盛在長飲料酒杯內，並且必須遵照與含酒精雞尾酒相同的基本規則。

一款好喝的無酒精飲料，取決於酸甜之間的平衡，它由酒杯、雪克杯直調或果汁機混調而成，而且必須含有一款清涼解渴的無酒精飲料。2018 年，無酒精飲料前所未見地掀起熱潮，成為一種雞尾酒類別，這就是為什麼我為它撰寫了一篇課程，一起盡情暢飲吧！

瘋狂禁果 Crazy Navel

起源

2007 年，我從費爾南多・卡斯特倫（Fernando Castellon）編撰的《拉魯斯雞尾酒大全》（Larousse des cocktails）發現這款雞尾酒。

材料

- 100ml 鮮榨柳橙汁
- 70ml 蜜桃果汁飲料（Nectar de pêche）
- 10ml 自製紅石榴糖漿

調製方法

搖盪法

酒杯

高球杯

冰塊類型

方冰塊

裝飾物、妝點食材

柳橙角、不加吸管飲用

無酒精雞尾酒品飲

適合早晨飲用。

羅勒檸檬 Basil Lemonade

2010 年我在普盧馬納赫（Ploumanac'h）內卡斯特美景酒店（Castel Beau Site）創作了這款酒。

材料

- 7 或 8 片新鮮羅勒葉子
- 15ml 糖漿
- 15ml 鮮榨檸檬汁
- 60ml 新鮮蘋果汁
- 甩 1 抖振新鮮蛋白
- 適量手工檸檬汁

調製方式

前 3 樣材料放入上蓋，用力搗壓，然後加入蛋白和蘋果汁。在底杯裝入方冰塊至三分之二滿，密合兩個雪克杯後搖盪幾秒鐘。小心使用精細濾網，把材料過濾兩次，再倒至高球杯中。最後倒入檸檬汽水，裝飾即可上桌。

酒杯

高球杯

冰塊類型

2 顆方冰塊

裝飾物、妝點食材

扇形蘋果、新鮮羅勒。附上兩根吸管。

無酒精雞尾酒品飲

充滿果香且清爽，適合在夏季的下午時刻飲用。

S 女士 Madame S

起源

2017 年，由馬修·古爾（Mathieu Gouret）在巴黎舉行的第 2 屆調酒師協會雞尾酒比賽中所創作。S 女士奪得軟性雞尾酒類別的國際冠軍，是為了對抗乳癌而創作。

材料

- 5 顆新鮮覆盆子
- 1 抖振洛神糖漿
- 60ml 四川花椒和八角泡製的加勒比海（Caraïbos）柚子汁
- 30ml 加勒比海粉紅葡萄柚汁
- 20ml 薑汁啤酒

四川花椒和八角泡製的加勒比海柚子汁：以 800ml 柚子汁、2 咖啡匙花椒和 10 顆八角。密封罐事先用沸水浸泡，放入洗杯機中 3 或 4 次。

備註 在非當季時，可以使用覆盆子泥替換新鮮覆盆子。

調製方法

直接在葡萄酒杯中，把洛神糖漿和覆盆子一起搗壓，並在杯中倒入碎冰。加入柚子汁，補滿薑汁啤酒，用吧匙輕微攪拌，裝飾後即可上桌。

酒杯

葡萄酒杯或復古大容量高腳杯

冰塊類型

碎冰

裝飾物、妝點食材

小黃瓜、覆盆子、八角；葡萄柚噴附精油後放入杯中。

無酒精雞尾酒品飲

含果香和淡淡椒香味的無酒精調酒，散發一股清爽和微微苦味。

貓步 Pussy Foot

起源

1920 年由羅伯特·韋梅爾（Robert Vermeire）在倫敦發明，是一款經典的無酒精雞尾酒，自 1930 年代以來即收錄在許多書籍中。經典配方只有蛋黃，2008 年我在倫敦發想了這款加入全蛋的變化版本，當時我每天早上都會喝貓步。

材料

- 1 顆新鮮全蛋
- 鮮榨檸檬汁
- 90ml 鮮榨柳橙汁
- 1 抖振自製紅石榴糖漿

調製方法

搖盪法

酒杯

高球杯

冰塊類型

不需要

裝飾物、妝點食材

當季水果。附 2 根吸管。

無酒精雞尾酒品飲

帶果香和微酸，適合起床或傍晚時刻飲用。蛋白中的維生素為一天的展開提供了必要的活力，依據你的喜好，酌量加入紅石榴糖漿。

西瓜斯瑪旭 Watermelon Smash

起源

這款無酒精雞尾酒是為了 2016 年在雷恩舉辦的「老饕市集」（Marché à manger）中新亮相的蔬果而製作。在調製的時候，我沒有果汁機，於是在雪克杯中搗碎西瓜，而得名西瓜斯瑪旭 [20]。

材料

- 150ml 新鮮西瓜汁（使用果汁機）
- 15ml 玫瑰糖漿
- 1 抖振鮮榨檸檬汁
- 2 株新鮮香菜

調製方法

搖盪法

酒杯

高球杯

冰塊類型

2 或 3 顆方冰塊

裝飾物、妝點食材

西瓜、香菜。附 2 根吸管。

無酒精雞尾酒品飲

富有果香、清涼解渴，全天皆可飲用（當季的無酒精飲料）。

備註 這種無酒精雞尾酒可以在端上服務前預先調製，裝瓶存放陰涼處。

---

[20] Smash，為粉碎之意。

解渴型無酒精雞尾酒

蘋果莫希托 Apple Mojito

起源

2014 年我發明了這款酒。蘋果莫希托在酒吧獲得廣大的成功。

材料

- 10 至 12 片新鮮薄荷（帶葉）
- 20ml 鮮榨萊姆汁
- 15ml 馬修·泰西（Mathieu Teisseire）接骨木糖漿
- 140ml 新鮮蘋果汁

調製方法

搗壓前 3 種材料，薄荷不要先搗碎，放入高球杯，再倒入冰塊至三分之二滿，加入蘋果汁，使用一支吧叉匙攪拌幾秒鐘，裝飾，即可上桌。

酒杯

高球杯

冰塊類型

方冰塊

裝飾物、妝點食材

1 株帶葉薄荷枝。附上 2 根吸管。

無酒精雞尾酒品飲

富有果香、清涼解渴，全天皆可飲用，蘋果莫希托是一款適合招待賓客的無酒精飲料。它可以預先準備，但必須存放於陰涼處。蘋果汁的品質很重要：優先選擇一款純手工的蘋果汁或純果汁（糖分越少越好）。

小黃瓜高球

起源

2014 年在諾曼第的一個婚禮上，我為一位孕婦發想了這款酒。自此後，這款無酒精調酒便收錄在許多酒吧的酒單上。

材料

- 15ml 鮮榨萊姆汁
- 15ml 糖漿
- 2 片小黃瓜圓切片
- 適量氣泡水

調製方法

直調法

酒杯

高球杯

冰塊類型

方冰塊

無酒精雞尾酒品飲

生津解渴，非常適合近傍晚時刻或是晚會時飲用。

其他的美味無酒精雞尾酒

百香果 & 檸檬香茅拉西

起源

拉西（Lassi）是一款以優格為基底的傳統印度飲料，我在倫敦的紅堡（Redfort，一間印度料理餐廳）喝過它。拉西使用果汁機來調製，一般來說成分包含芒果或百香果。

材料

- 1 個原味優格
- 1 顆百香果
- 40ml 鳳梨汁
- 20ml 檸檬香茅糖漿

調製方法

使用果汁機

酒杯

司令杯

冰塊類型

碎冰

裝飾物、妝點食材

新鮮檸檬香茅、半顆百香果。附上 2 根吸管。

無酒精雞尾酒品飲

富含果香、奶脂滑順的口感，適合夏季飲用。

純真可樂達 Virgin Colada

起源

這是一款不為人知的無酒精鳳梨可樂達版本。

材料

- 40ml 椰奶
- 1 條新鮮鳳梨，切成塊
- 120ml 新鮮鳳梨汁

調製方法

使用果汁機（參見第五課調製技法）

酒杯
高球杯或花俏酒杯

冰塊類型
方冰塊

裝飾物、妝點食材
扇形鳳梨，附 2 根吸管。

無酒精雞尾酒品飲
帶果香味、奶脂滑順口感，相當
美味，適合夏季飲用。

四 無酒精的辛香雞尾酒

純真瑪麗 Bloody Shame

起源
它以番茄汁雞尾酒（Tomato）為
名，收錄於 1937 年出版的《咖
啡館皇家雞尾酒》（Café Royal
Cocktail Book），當時無添加檸
檬汁。同樣稱為純真瑪麗（Virgin
Mary），因為它是不含酒精的血
腥瑪麗。

材料
- 1 抖振新鮮檸檬汁
- 1 小撮鹽和 1 小撮胡椒
- 幾滴塔巴斯科（Tabasco）辣椒醬
- 5ml 伍斯特醬（Worcestershire Sauce，英國調味醬）
- 150ml 番茄汁

調製方法
直調法或搖盪法（參見第二十三
課關於血腥瑪麗的部分）

酒杯
長飲酒杯

冰塊類型
方冰塊

裝飾物、妝點食材
按照你喜好的方式裝飾（新鮮
小黃果、扇形芹菜、櫻桃蕪菁
……）。

無酒精雞尾酒品飲
純真瑪麗是一款調味的番茄汁。
在近中午時、熬夜通宵的隔天或
是傍晚時分，都很適合飲用。加
入 5ml、10ml 或 15ml 伍斯特醬，
辣度是微辣、一般辣或是很辣。

薑汁 Ginger Juice

起源
2009 年我和約安·拉扎雷斯
（Yoann Lazareth）一起在雞尾
酒吧 Akbar 為我們的經理調出
這款酒，他那天晚上身體不適，
希望我們為他準備一杯新鮮薑汁
（ginger juice）。

材料
- 20ml 浸泡過生薑的水
- 幾片薑
- 半顆檸檬汁
- 1 匙蜂蜜

調製方法
要製作薑汁，你必須把生薑浸泡在
水中，存放在陰涼處幾天。在雪克
杯放入幾塊薑片，使用搗棒搗壓，
加入 20ml 浸泡的薑水、1 匙蜂蜜
和半顆檸檬汁，然後再次搗壓，讓
材料均勻混合。把材料過濾 2 次，
再放入鬱金香杯中，即可上桌。

酒杯
鬱金香杯或是一口杯（shot）

冰塊類型
不需要

裝飾物、妝點食材
不需要

無酒精雞尾酒品飲
當你生病（例如喉嚨痛）或在冬
天需要添加精力時，濃郁、辛辣、
微酸的薑汁是理想的無酒精雞尾
酒：應該要一口乾掉！據我們的
酒吧經理所言，這是一種印度療
法，非常受到滴酒不沾的人喜愛。

克勒雷登 The Clarendon

起源
2009 年在諾丁丘的克勒雷登
（Clarendon）酒吧，一位美國客
戶請我創作了這款無酒精雞尾酒：
「幫我調製一款有酒體（body）
的無酒精雞尾酒，也就是一種讓
人微醺、但不加一滴酒的無酒精
雞尾酒！」

材料
- 10ml 泡製（24 小時）鳥眼辣椒的杏仁糖漿
- 10ml 鮮榨萊姆汁
- 1/2 顆百香果
- 60ml 鳳梨汁
- 適量薑汁啤酒

調製方法
搖盪法（搖盪薑汁啤酒以外的材料）

酒杯
高球杯

冰塊類型
碎冰

裝飾物、妝點食材
半顆百香果、杏仁碎粒、生薑片。
附上 2 根吸管。

無酒精雞尾酒品飲
帶果香、辛香調和異國風情，秉
持提基精神，但無添加蘭姆酒的
無酒精雞尾酒。

熱飲 Hot Drink

● 熱飲雞尾酒

熱飲調酒多在耐熱的托迪杯直調。成分通常包含陳年蒸餾酒（威士忌、干邑白蘭地、牙買加蘭姆⋯⋯）、檸檬汁、微量砂糖或是蜂蜜和沸水。某些熱飲會以香辛料裝飾。

這類雞尾酒在冬季的滑雪勝地大受歡迎，其中最受歡迎的配方是格羅格酒。

藍色火焰 Blue Blazer

起源

1850 年代來自「教授」傑瑞・湯馬斯（Jerry Thomas，公認的調酒學教父）在舊金山杜蘭朵酒吧的發明。藍色火焰的技巧既壯觀又危險，想要調製一款燃燒的雞尾酒可不能即興演出，調酒見習生應該先用常溫水訓練以免被燙傷，並在專業人士陪同下進行初期的練習。

材料

- 60ml 斯卡帕（Scapa）單一純麥蘇格蘭威士忌
- 60ml 沸水
- 1 匙蜂蜜

調製方法

注入沸水至兩個雪克杯中，然後倒掉。倒入威士忌至其中一個雪克杯中，使用一支小噴槍或打火機加熱威士忌。當火焰點燃時，把沸騰的水注入第 1 個雪克杯。其方法在於把燃燒的酒液，從一個杯子倒入另一個杯子混合，約 4 到 5 次。隨即裝在一個托迪杯中，加入 1 匙蜂蜜。

酒杯

預先熱杯的托迪杯

杯裝飾物、妝點食材

不需要

雞尾酒品飲

藍色火焰適合在秋季或冬季品酌，應趁熱飲用。

藍色火焰改良版

起源

2017 年，我為法國蘭姆酒雜誌《Rumporter》創作了這款酒。

材料

- 40ml 普雷森 OFTD 蘭姆酒（Plantation OFTD Rum）
- 50ml 紅茶
- 15ml 吉法白薄菏酒
- 1 個丁香
- 1 支肉桂棒

調製方法

同藍色火焰調製方法

酒杯

小托迪杯

裝飾物、妝點食材

1 片柳橙乾

雞尾酒品飲

有新鮮薄荷、辛香、可可香味，濃烈的尾韻帶有蘭姆酒的香氣。

微醺火焰 Groggy Blazer

起源

2013 年由強尼‧法爾沃（Johanny Falvo）所創作，這款微醺火焰在安格仕世界調酒大賽（Angostura Global Cocktail Challenge）中拿下法國區第 1 名。

材料

- 60ml 安格仕 1919 蘭姆酒
- 60ml 自己泡製的丁香水
- 20ml 君度橙酒
- 6 抖振安格仕苦酒
- 10ml 香草糖漿

調製方法

同藍色火焰調製方法

酒杯

托迪杯

裝飾物、妝點食材

噴附完皮油的橙皮捲

雞尾酒品飲

微醺火焰必須趁熱飲用。這款飲料帶有安格仕 1919 蘭姆酒獨特的香草味，聞起來十分令人愉悅。入口後，辛香和柑橘展現出完美的平衡。這款藍色火焰的變化版本適合晚宴飲用。

熱蘭姆酒（牙買加熱格羅格酒）

起源

2008 年，我在《安格仕苦酒指南》發現了這道酒譜（1908 年出版，2008 年 6 月重新編譯）。

材料

- 一塊方糖（白或棕糖，依你喜好）
- 60ml 麥爾思牙買酒黑蘭姆酒
- 沸水

調製方法

放一塊方糖在托迪杯中，注入少量沸水讓它溶解，倒入牙買加蘭姆酒，最後補滿沸水。在酒杯上方噴附檸檬皮油，皮捲放入杯中。使用吧叉匙攪拌幾秒鐘，以肉豆蔻磨粉裝飾後，即可上桌。

酒杯

預先熱杯的托迪杯

裝飾物、妝點食材

檸檬皮、肉豆蔻磨粉

雞尾酒品飲

這類型的熱飲（就如同托迪調酒）最初是用來治療感冒和流感等疾病。

熱蘇格蘭托迪

起源

托迪調酒源自 18 世紀的英屬西印度群島。

材料

- 70ml 沸水
- 50ml 百齡罈（Ballantine）12 年蘇格蘭威士忌
- 1/2 顆鮮榨檸檬汁
- 3 抖振安格仕苦精
- 1 吧匙百花液態蜂蜜

調製方法

在托迪杯中，注入沸水和威士忌，加入牙買加蘭姆酒，最後補滿沸水。在檸檬表皮插入 3 個丁香，捲起來放入酒杯中。加入 1 匙蜂蜜，即可上桌。

酒杯

預先熱杯的托迪杯

裝飾物、妝點食材

丁香、檸檬皮捲

雞尾酒品飲

適合秋季或冬季飲用，我喜歡使用百齡罈的 12 年威士忌，因為它有木質香以及微微煙燻香，但你可以自選一款威士忌來調製熱蘇格蘭托迪。

調飲變化

熱愛爾蘭托迪：波希米爾黑色愛爾蘭單一純麥威士忌（Bushmills Irish Whiskey Black）。

熱布列塔尼托迪：阿莫里克經典單一純麥威士忌（Armorik Classic Single Malt Bretagne Whisky）。

熱裸麥威士忌托迪：利登 100 Proof 裸麥威士忌。

自製食譜

丁香水：
可迅速製成，放入約 10 個丁香，浸泡在 250 至 300ml 的沸水，然後使用一個精細篩網濾出丁香，只留下浸泡水，然後倒進預熱的杯子。

奶油熱蘭姆酒
Hot Buttered Rum

起源

2008 年，我加入倫敦的英國調酒師協會時，發現了這款熱雞尾酒。時任的主席，即薩爾瓦多雷·卡拉布雷斯大師的著作之一：《經典雞尾酒大全》（Classic Cocktails）記載了這道酒譜。

調製方法

把奶油、糖和香草精放進一個托迪杯中，用小湯匙攪拌至糊成一團，再加入肉桂棒，攪拌幾秒鐘讓材料混合均勻。注入蘭姆酒，一邊攪拌一邊逐漸倒入沸水。裝飾，即可上桌。

材料

- 50ml 杜蘭朵 12 年蘭姆酒
- 1 小塊榛果奶油
- 1 吧匙棕糖
- 1 支肉桂棒
- 肉豆蔻磨粉
- 1 滴香草精或丁香精
- 沸水

備註 可以用白可可利口酒代替一滴香草精，它會帶來一股輕盈且不過於肥膩的口感。

酒杯

預先熱杯的托迪杯

雞尾酒品飲

乍看之下，材料並不怎麼美味！不過先別誤解，如果調製成功的話，這杯熱飲完全是佳釀。這款熱飲充分解釋我對圭亞那杜蘭朵蘭姆酒的情有獨鍾，但你可以選擇另一種陳年蘭姆酒。經典的酒譜主張可使用牙買加蘭姆酒。聞起來有烘焙味道，非常圓潤的口感，尾韻帶有辛香和香草味。

干邑白蘭地

威士忌

蘭姆酒

湯姆和傑瑞
Tom and Jerry

起源

這杯熱飲由「教授」傑瑞·湯馬斯在密西西比聖路易斯的殖民者之家（Planter's House）酒吧所創作。依據薩爾瓦多雷·卡拉布雷斯在其專書《經典雞尾酒大全》中所述，在每年第一場雪落下之前，傑瑞·湯馬斯都拒絕服務這款熱飲！

材料

- 40ml 麥爾思牙買加黑蘭姆酒
- 20ml 芒第佛城堡 VS 干邑白蘭地
- 1 吧匙白砂糖
- 1 顆可生食新鮮有機蛋
- 沸水（或熱牛奶）

調製方法

分別在兩個碗中打發蛋黃和蛋白，然後倒入托迪杯。加入烈酒和糖，使用沸水或熱牛奶稀釋，攪拌，以肉豆蔻磨粉裝飾，即可上桌。

酒杯

預先熱杯的托迪杯

裝飾物、妝點食材

肉豆蔻磨粉

雞尾酒品飲

適合冬季飲用，必須將蛋黃和蛋白攪拌均勻，才能盡情享用這款熱飲的風味。

愛爾蘭咖啡 Irish Coffee

起源

愛爾蘭咖啡是由愛爾蘭香農（Shannon）機場的首席調酒師喬‧謝里丹（Joe Sheridan），在二次大戰後所創造的。喬的原始發想是以傳統的愛爾蘭飲料——威士忌和茶為基底，後來則使用咖啡代替茶，讓這種飲料對美國遊客更具吸引力。

在酒中加入糖漿，最後在熱飲上方淋上一層打發的愛爾蘭鮮奶油。為能看見飲料的層次，他靈機一動用高腳的酒杯裝盛飲料。這是當時少數的經典雞尾酒之一，時至今日在酒吧和餐廳仍然相當熱銷。

材料

- 50ml 波希米爾黑色愛爾蘭威士忌
- 2 吧匙糖漿
- 90ml 熱咖啡
- 打發的鮮奶油

調製方法

在牛奶鍋中，把威士忌和糖漿加熱。再將材料倒進托迪杯，而後注入熱咖啡稀釋。使用吧叉匙攪拌幾秒鐘，淋上一層打發的鮮奶油，隨即端上桌服務。

酒杯

高腳杯

裝飾物、妝點食材

不需要裝飾物，也不需要附吸管。

雞尾酒品飲

作為餐後飲用的愛爾蘭咖啡大受好評，在餐廳非常受歡迎。當使用經典方法調製時（參見第七課，第 55 頁），這款雞尾酒簡直有魔力！品嚐時，鮮奶油帶來滑順口感，接續熱咖啡的酸澀，尾韻帶有愛爾蘭威士忌的清淡和果香，非常怡人。

以蛋為基底的雞尾酒

● 蛋蜜酒 Flip ● 蛋奶酒 Egg Nog

蛋蜜酒（Flip）是源自 1810 年代英國的短飲調酒。蛋蜜酒用搖盪法調製，裝盛在葡萄酒杯或是碟型香檳杯。它的成分包含烈酒、蛋黃和糖，並用肉豆蔻磨粉裝飾。其中最受歡迎的配方為蘭姆蛋蜜酒。

蛋奶酒（Egg Nog）是源自 1800 年代美國的長飲調酒，這些長飲傳統上是在年末節慶時飲用，有時候甚至會做成熱飲。蛋奶酒的基本材料和蛋蜜酒相同（烈酒、蛋黃、糖和肉豆蔻），唯一不同的地方在於前者會加牛奶。蛋奶酒是蛋蜜酒的長飲版本。

蘭姆蛋蜜酒 Rum Flip

起源

蛋蜜酒最初是加熱飲用，並添加啤酒。這曾是航海員們最喜愛的飲料之一。

材料

- 50ml 普雷森黑蘭姆酒
- 1 顆蛋黃
- 1 吧匙砂糖

調製方法

搖盪法：搖盪 15 秒鐘

酒杯

大碟型香檳杯

冰塊類型

不需要

裝飾物、妝點食材

肉豆蔻磨粉

雞尾酒品飲

蘭姆蛋蜜酒非常適合當作餐後酒，它在冬季備受好評，因為這是一款美味且提振精神的短飲。

咖啡雞尾酒

起源

在 2008 年，我和埃絲特·梅迪納·奎斯塔（Esther Medina Cuesta）在一間地下酒吧發現這款調酒。此酒譜收錄在 1887 年傑瑞·湯馬斯第一本著作再版《如何調製飲品》（How To Mix Drinks），又名《享樂夥伴》（The bon Vivant's Companion）。

材料

- 60ml 波特寶石紅酒
- 30ml 馬爹利 VSOP 干邑白蘭地
- 1 顆鮮蛋
- 1 吧匙棕糖

調製方法

搖盪法

酒杯

大碟型香檳杯或葡萄酒杯

冰塊類型

不需要

裝飾物、妝點食材

肉豆蔻磨粉

雞尾酒品飲

咖啡雞尾酒既不含咖啡，也不含苦精，但據傑瑞·湯瑪斯所言，如果完美調製的話，這款短飲看起來就像一杯咖啡！

白蘭地蛋奶酒
Brandy Egg Nog

起源

不可考。

材料

- 50ml 軒尼詩 V.S. 干邑白蘭地
- 1 顆蛋黃
- 1 吧匙糖漿
- 70ml 鮮牛奶

調製方法

搖盪法：搖盪足足 15 秒鐘

酒杯

高球杯（必須預先冰鎮）

冰塊類型

不需要

裝飾物、妝點食材

肉豆蔻磨粉。不需要附吸管。

雞尾酒品飲

蛋奶酒通常不會加入牛奶一起搖盪，若但使用雪克杯調製這道配方會更有趣。

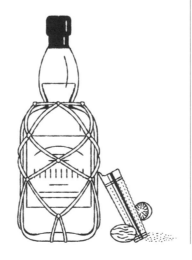

蜜桃蛋奶酒

起源

2010 年，強尼·法爾沃在巴黎威士忌世家（Maison du Whisky）舉行的墨萊特側車雞尾酒競賽（Side Car cocktail Competition by Merlet）中發明了這款雞尾酒。我希望用當代手法詮釋這個被遺忘、且極少以干邑白蘭地為基酒的經典。作為一個牛奶愛好者，藉由這種簡單的美味飲品為墨萊特旗下產品（干邑白蘭地、夏朗德皮諾、利口酒）畫龍點睛，是件很有趣的事情。

材料

- 35ml 墨萊特兄弟調和白蘭地
- 25ml 墨萊特夏朗德白皮諾酒
- 10ml 墨萊特葡萄園蜜桃香甜酒
- 1 吧匙杏仁奶
- 1 顆蛋黃
- 120ml 牛奶

調製方法

使用吧叉匙，把蛋黃和杏仁奶攪拌至質地均勻，再注入牛奶、白皮諾酒、蜜桃香甜酒和干邑白蘭地，然後用力搖盪。強尼建議：讓奶泡靜置片刻，確保它密度緊實，以獲得慕斯般的效果（如蘑菇狀）。

酒杯

高球杯（預先冰鎮）

冰塊類型

不需要

裝飾物、妝點食材

杏仁碎粒、可可粉、星型草莓、蜜桃扇。

第十一課至第十三課 **練習題**

練習一 連連看

❶ 把每一種無酒精雞尾酒和它的果汁連起來：

瘋狂禁果 ●　　　　　　　　　　● 蘋果汁

羅勒檸檬 ●　　　　　　　　　　● 柳橙汁

克勒雷登 ●　　　　　　　　　　● 番茄汁

蘋果莫希托 ●　　　　　　　　　● 萊姆汁

純真瑪麗 ●　　　　　　　　　　● 鳳梨汁

❷ 把每一種熱飲和它的基酒連起來：

牙買加熱格羅格酒 ●　　　　　　　● 安格仕蘭姆酒

藍色火焰 ●　　　　　　　　　　● 愛爾蘭威士忌

愛爾蘭咖啡 ●　　　　　　　　　● 牙買加蘭姆酒

微醺火焰 ●　　　　　　　　　　● 蘇格蘭威士忌

練習二 測驗你的知識

❶ 誰發明了貓步？
○ 哈瑞・克拉多克　　○ 哈瑞・強森　　○ 羅伯特・韋梅爾　　○ W. J. 塔林

❷ 哪一款無酒精雞尾酒收錄在《咖啡館皇家雞尾酒》？
○ 純真瑪麗　　○ 番茄酒　　○ 蘋果莫希托　　○ 克勒雷登

❸ 哪些是蛋蜜酒和蛋奶酒共有的材料？
○ 茶　　○ 牛奶　　○ 雞蛋　　○ 鮮奶油

❹ 咖啡雞尾酒含有咖啡成分嗎？
○ 是　　　　　　　　　　○ 否

練習三 訓練自己！

這個練習是關於對愛爾蘭咖啡進行品飲比較，調製出本課介紹的兩款酒譜，並指出觀察到的差異。

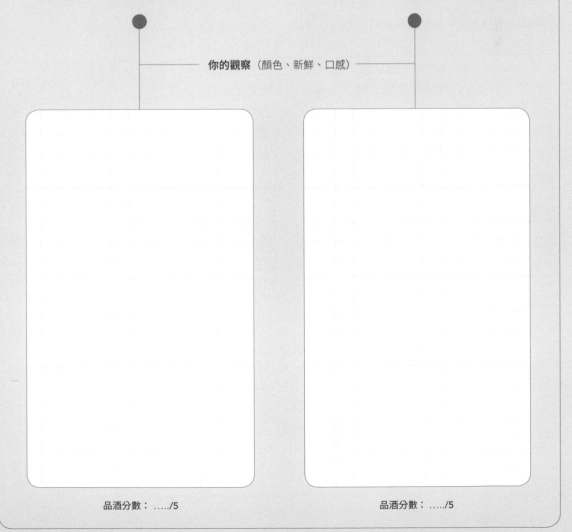

愛爾蘭咖啡
經典版本

1. 把熱水倒入托迪杯溫杯。在牛奶鍋或一個小鍋中，倒入 50ml 愛爾蘭威士忌和 10ml 糖漿，然後加熱所有材料至滾開。

2. 在托迪杯注入熱水，倒入熱威士忌和糖漿的混合材料至酒杯中。

3. 加入熱咖啡（約 90ml）稀釋，微微攪拌一下。淋上一層打發的鮮奶油，隨即端上（不需要吸管飲用，也不需要全部再攪拌一次）。

愛爾蘭咖啡
依據酒吧和餐館普遍使用的調製方法

1. 加熱 40ml 愛爾蘭威士忌，而後倒入熱威士忌至托迪杯。小心翼翼地倒入 10 至 20ml 糖漿，來製作出第一層分層。

2. 接著輕輕倒入熱咖啡，製作第二層分層。

3. 最後加上香緹鮮奶油收尾，用 1 根吸管品嚐（第一口不需要攪拌，接著再使用吸管攪拌一下）。

你的觀察（顏色、新鮮、口感）

品酒分數：....../5

品酒分數：....../5

潘趣酒 Punch

潘趣酒家族在 1700 年前誕生在英屬西印度群島，應該源自於巴貝多島。這是著名的最古老混合飲料種類，也可能是酸酒、可林斯和費茲的前身。Punch 在波斯文意思為「5」，意指在原始配方中所使用的材料數量：有檸檬、糖、烈酒、香辛料、水或果汁。最初，調飲都是裝盛在潘趣酒缸（Punch Bowls）中，可惜的是，英國的紳士俱樂部（Gentlemen's club）將它們淘汰，改用個人杯。2015 年，這個家族在雞尾酒吧強勢回歸，其中最受歡迎的酒譜為牛奶潘趣（Milk Punch）。杯子酒（Cup）是與潘趣相近的長飲料。它們用酒壺裝盛，人們通常會把水果靜置在瓶中醃製；在端上桌前的最後一刻，補滿清涼蘋果酒、氣泡酒或蘇打水。皮姆之杯（Pimm's Cup）是最受歡迎的酒譜。

蘋果酒潘趣

起源

2009 年，我在傑瑞・湯馬斯的著作《如何調製飲品》（How To Mix Drinks）或《享樂夥伴》（The bon Vivant's Companion），發現了這個雞尾酒。

材料

- 15 人份
- 250ml 菲諾（Fino）雪莉酒
- 110g 砂糖
- 鮮榨檸檬汁
- 肉豆蔻磨粉
- 1 瓶達波瓦莊園新鮮不甜蘋果酒（Cidre Brut）
- 60ml VS 干邑白蘭地

調製方法

在一個潘趣酒缸內，倒入前 3 種材料，把肉豆蔻磨成粉，放入攪拌幾秒鐘，而後補滿新鮮蘋果酒。加入一塊冰磚，最後倒入干邑白蘭地，裝飾後即可上桌。

酒杯

潘趣酒缸

冰塊類型

1 塊冰磚（大塊冰塊）

裝飾物、妝點食材

檸檬削皮、小黃瓜皮。

雞尾酒品飲

雖然蘋果酒常見於古老的雞尾酒中，例如潘趣酒或杯子酒，但很少被用於現代的配方。蘋果酒是經由發酵蘋果汁釀成的酒精飲料；適合用來調製雞尾酒，因為這是一種酒精濃度低、含果香，具清爽口感的產品。蘋果酒潘趣製作容易，適合夏天飲用。

黑色海軍潘趣
Black Navy Punch

起源

2017 年我為法國蘭姆酒雜誌《Rumporter》創作了這款酒。

材料

6 至 7 人、每人 2 杯的份量

- 700ml 牙買加印度公司蘭姆酒 5 年
- 210ml 黑色君度（Cointreau Noir）
- 25 至 30 滴孟菲斯燒烤芳香苦精（Memphis Barbecue Bitter）
- 140ml 自製丁香糖漿
- 350ml 鮮榨柳橙汁
- 150ml 波爾多紅酒

自製食譜

丁香糖漿：把二十個丁香浸泡在糖漿中幾小時，然後用小漏斗過濾，裝瓶，存放陰涼處三至四個禮拜。

調製方法

倒入前 5 種材料，使用 1 支大湯匙攪拌，加入冰磚，輕輕注入紅酒（參見第二十一課，紐約酸酒，第 115 頁），裝飾後即可上桌。

酒杯

潘趣酒杯

冰塊類型

1 塊冰磚

裝飾物、妝點食材

在潘趣酒上鋪滿柳橙乾以及丁香。

雞尾酒品飲

牙買加蘭姆酒完美結合了新鮮柳橙汁、黑色君度酒的溫和以及苦精散發的辛香，突顯了潘趣酒的美味。最後，少量的紅酒為這款容易複製的潘趣酒，增添了些許獨創性。黑色海軍潘趣適合秋季或冬季與人分享飲用。

經典牛奶潘趣

材料

- 25ml 恩巴戈陳年蘭姆酒（Embargo Extra Anejo）
- 50ml 墨萊特兄弟調和干邑白蘭地
- 80ml 牛奶
- 1 吧匙白砂糖

調製方法

搖盪法

酒杯

高球杯

冰塊類型

不需要

裝飾物、妝點食材

使用肉豆蔻磨粉裝飾。

巴貝多豆奶潘趣

起源

2016 年我為法國蘭姆酒雜誌《Rumporter》創作了這款酒。

材料

- 40ml 多莉 XO 蘭姆酒（Doorly's XO）
- 20ml 芒第佛城堡 VS 干邑白蘭地
- 1 吧匙蔗糖蜜
- 5ml 瑪莉白莎（Marie Brizard）肉桂精
- 80ml 有機豆漿

調製方法

搖盪法

酒杯

裝在一個小瓶子

裝飾物、妝點食材

磨一些肉豆蔻粉。附上 2 根吸管。

「自製」琴酒牛奶潘趣酒

起源

來自蒙彼利埃考斯酒吧的尚·菲利普·考斯（Jean-Philippe Causse），他憑這款雞尾酒奪下 2014 年酒吧錦標競賽的第一名。

材料

- 40ml 毫升絲塔朵精釀琴酒
- 15ml 不甜香艾酒
- 15ml 甜（紅）香艾酒
- 50ml 半脫脂牛奶
- 2 吧匙杏桃果醬、番紅花粉
- 1 枝薰衣草

調製方法

把所有材料倒進一個奶泡機，按下開關加熱和製作奶泡。

裝飾、妝點食材

以番紅花粉裝飾。

皮姆之杯 Pimm's Cup

起源

皮姆之杯是 1840 年由詹姆斯·皮姆在英國所發明，從此成為英國人夏季最喜愛的飲料之一。皮姆之杯是一種以烈酒（琴酒）為基酒的開胃酒，屬於苦酒類別。

材料

- 50ml 皮姆一號（Pimm's No. 1）
- 適量薑汁汽水或檸檬汽水

調製方法

在一個裝滿冰塊的葡萄酒杯中，倒入皮姆一號，再補滿薑汁汽水，使用吧叉匙攪拌幾秒鐘，裝飾後即可上桌，不需要附吸管。

酒杯

葡萄酒杯（可以的話，使用口徑較大而杯腳矮的酒杯）

冰塊類型

方冰塊

裝飾物、妝點食材

1 把新鮮薄荷、長條小黃瓜皮、幾片柑橘果皮、當季水果。附上 1 支攪拌棒。

雞尾酒品飲

皮姆之杯是一款受人遺忘的雞尾酒，它曾經在 1980 年代風靡於大型飯店的露天酒吧。這是適合夏季的長飲，當它和薑汁汽水或檸檬汽水一起調製時，作為開胃酒可謂再完美不過了。皮姆之杯是最棒的長飲之一，且酒精含量很低。

備註 要在玻璃瓶中調製的話，先將水果放入皮姆一號浸泡幾小時，上桌前最後一刻注入薑汁汽水或檸檬汽水稀釋（別忘了要在玻璃瓶中裝滿冰塊）。

庫斯塔 Crusta

1840 至 1850 年代由約瑟夫‧桑蒂尼（Joseph Santini）在奧爾良的 City Exchange 酒吧創造了這個短飲家族。有 3 份酒譜被收錄在傑瑞‧托馬斯 1862 年出版的第一本書中：威士忌庫斯塔、白蘭地庫斯塔和琴酒庫斯塔。庫斯塔是在小葡萄酒杯中直調，杯緣沾上砂糖。它的成分為烈酒、糖、檸檬汁、庫拉索橙酒和苦精，以長條檸檬皮捲裝飾。這個古老家族是許多經典雞尾酒的前身：例如側車或白色佳人。

庫拉索橙酒

安格仕苦精

白蘭地庫斯塔

起源

1862 年，第一本介紹雞尾酒的專書記載了白蘭地庫斯塔，但它的配方大相逕庭，很難找得到一模一樣的兩份酒譜！當我 2008 至 2009 年在倫敦遊歷時，我對這個被遺忘的雞尾酒家族產生興趣。我嚐到的第一杯庫斯塔是在蒙哥馬利廣場酒吧裡——當時倫敦最好的雞尾酒酒吧之一。老實說，這是我能夠真正地品嚐白蘭地庫斯塔的少數酒吧之一；確實，這種被遺忘的雞尾酒不但罕見，而且備製時間很長。2012 年，當我成為法國干邑白蘭地公會所認證的講師（其任務是在自己的國家推廣干邑文化），我重新對庫斯塔產生興趣。我在倫敦調酒師的參考指南——著名的《薩沃伊雞尾酒大全》中，找到一道適合我口味的完美平衡配方。白蘭地庫斯塔被歸類在（近 7 百份酒譜）一般雞尾酒之中，而不歸屬某個雞尾酒家族。儘管這些配方在調

酒書中有所分歧，庫斯塔總是在酒杯中直調，甚至是攪拌杯；不過對我而言，一杯美味庫斯塔是由雪克杯調製而成！接下來是 2016 年我在巴黎雞尾酒節（Paris Cocktail Festival）所展示的酒譜，當時是為了推廣以干邑白蘭地為基底的古老經典雞尾酒。

材料

- 45ml 皮耶費朗 1840 干邑白蘭地
- 15ml 皮耶費朗干邑（庫拉索）橙酒
- 1 抖振安格仕苦精
- 3 抖振瑪拉斯奇諾黑櫻桃利口酒
- 4 抖振鮮榨檸檬汁

備註 可以用裸麥威士忌或是琴酒代替干邑白蘭地

調製方法

搖盪法

酒杯

矮葡萄酒杯，或是復古碟型葡萄酒杯。

冰塊類型

1 顆方冰塊

裝飾物、妝點食材

糖口杯、長條檸檬皮捲。參見第七課。

雞尾酒品飲

適合餐前或是晚會的短飲。

哈瓦那新式庫斯塔 ♥

起源

由尼古拉斯・伯格（Nicolas Berger，優質蘭姆酒＆雞尾酒吧 Little Barrel 的創辦人）在 2012 年為日內瓦的哈瓦那俱樂部大賽調製的雞尾酒，這酒奪得瑞士區第 2 名。

尼古拉的靈感是受白蘭地庫斯塔啟發，這款短飲最初裝盛於復古葡萄酒杯中，加入冰塊，以一圈糖邊和長條檸檬皮裝飾。我用櫻桃白蘭地利口酒代替了瑪拉斯奇諾黑櫻桃利口酒，它帶來了溫潤的口感。我使用一款家鄉特產——夏特勒茲修道院藥草酒（Élixir des pères chartreux），因為砂糖中含有丁香香氣，而藥草香與櫻桃白蘭地、丁香完美融合。最後，選用哈瓦那俱樂部 3 年蘭姆酒，是由於它的新鮮風味和絕佳平衡。

調製方法
搖盪法

材料
- 2 吧匙丁香砂糖，混合丁香粉（5 ％）和白糖（95 ％）。
- 20ml 鮮榨檸檬汁
- 20ml 希琳（Peter Heering）櫻桃白蘭地利口酒
- 50ml 哈瓦那俱樂部 3 年蘭姆酒
- 3 滴夏特勒茲修道院藥草酒
- 自製丁香砂糖

哈瓦那俱樂部 3 年蘭姆酒浸泡丁香：在 200ml 的蘭姆酒中放入 10 幾粒丁香，把酒瓶藏在酒吧深處（為了萃取出非常濃郁的酒液）。

酒杯
復古葡萄酒杯

♥：約恩的最愛

冰塊類型
方冰塊

裝飾物、妝點食材
1 spray 丁香浸泡的哈瓦那俱樂部 3 年蘭姆酒、丁香砂糖製作的糖圈、檸檬皮和酒漬櫻桃。

雞尾酒品飲
根據尼古拉所述，這款雞尾酒適合作為餐後酒，不過它的苦味同樣適合作為餐前酒。

唐胡安喬庫斯塔
Don Juancho Crusta ♥

起源
2014 年，迪米特里・巴拉諾夫斯基（Dimitri Baranovsky）為外交官蘭姆酒國際調酒錦標賽（Diplomatico World Tournament）創作了這款雞尾酒。

材料
- 40ml 外交官特級精釀蘭姆酒（Diplomatico Reserva Exclusiva）
- 10ml 菲諾（Fino）雪莉
- 5ml 拿破崙柑橘利口酒（Mandarine Napoleon）
- 20ml 黑巧克力和粉紅胡椒糖漿（自製）
- 2 吧匙不加糖覆盆子果泥
- 1 抖振／少量氣泡水

調製方法
在雪克杯中搖盪前 5 道材料，過濾酒液至笛型香檳杯，補滿少量氣泡水，輕輕攪拌，裝飾後即可上桌。

酒杯
笛型香檳杯

冰塊類型
不需要

裝飾物、妝點食材
沾上糖口的笛型香檳杯（使用黑巧克力／粉紅胡椒糖漿，以及白糖和粉紅胡椒的混合物）、裝飾杯緣的柳橙皮。

雞尾酒品飲
唐胡安喬庫斯塔是一款令人垂涎的美味調酒，但不會過於甜膩。外交官蘭姆酒飄散的咖啡香味和柑橘完美融合。最後，巧克力和覆盆子帶來了溫潤的口感，這款短飲適宜作為餐後酒。

自製食譜

覆盆子果泥：使用一支搗棒，放幾顆覆盆子在一個雙層過濾網上搗壓。

黑巧克力／粉紅胡椒糖漿：將 1 份[21] 砂糖、1 份水、幾顆粉紅胡椒和 1 份可可粉（荷蘭品牌 Van Houten 類型）攪拌一下，慢慢轉小火，直到煮成光滑閃亮的巧克力糖漿。最後加入 1 小撮鹽之花。過濾雜質，存放於陰涼處約 3 個禮拜。

21 配方的「一份」指的是比例。

第十四課至第十五課 **練習題**

練習一 測驗你的知識

❶ 庫斯塔源自哪一個國家？

....

❷ 庫斯塔的基本成分（材料和裝飾物）為何？

....

....

....

❸ 列舉從庫斯塔衍生的 3 款經典雞尾酒。

....

....

....

練習二 繼續測驗你的知識

❶ 哪一位調酒師發明了哈瓦那新式庫斯塔？
　　○ 約瑟夫・比奧拉托　　　　○ 迪米特里・巴拉諾夫　　　○ 尼古拉・伯格
　　　　　　　　　　　　　　　　　斯基

❷ 唐胡安喬庫斯塔使用的是哪一款蘭姆酒？
　　○ 安格仕　　　　　　　　　○ 外交官　　　　　　　　　○ 聖特雷莎

❸ 潘趣酒源自哪一座島？
　　○ 馬丁尼克島　　　○ 巴貝多島　　　　○ 瓜德羅普島　　　○ 古巴

❹ 潘趣是否必須以蘭姆酒作為基酒？
　　○ 是　　　　　　　　　　　　　　○ 否

練習三 訓練自己！搖盪、品嚐和比較看看！

❶ 經典庫斯塔

我們將要調製兩杯庫斯塔，一杯用搖盪法，另外一杯在攪拌杯調製。要使用這兩種方法，在調製雞尾酒前，先把一個小葡萄酒杯（或是一個淺碟型香檳杯）在冷藏庫冰鎮 15 分鐘，然後把冰鎮的酒杯沾好糖口邊。

材料： 60ml 皮耶費朗干邑白蘭地
15ml 皮耶費朗干邑（庫拉索）橙酒或是柑曼怡紅絲帶（Grand Marnier Cordon Rouge）
1 抖振安格仕苦精、1 抖振糖漿、1 抖振鮮榨檸檬汁

經典白蘭地庫斯塔
搖盪法

用雪克杯調製，倒入沾上糖口的酒杯，放入 1 或 2 顆方冰塊。最後以檸檬皮裝飾（重讀第七課）。

經典白蘭地庫斯塔
直調法

在攪拌杯中倒入所有材料，加入幾顆方冰塊，攪拌混料至溫度降低，使用隔冰匙過濾，調酒倒入葡萄酒杯。加 1 或 2 顆方冰塊，最後以檸檬皮裝飾，即可上桌。

你的觀察
（外觀、香氣、味道、材料的平衡）

品酒分數：⋯⋯/5　　　　　　品酒分數：⋯⋯/5

❷ 可能由庫斯塔演化而來的版本：側車（Sidecar）

調製方法： 在雪克杯調製，裝在冰鎮的普通馬丁尼杯。
材料： 40ml VSOP 干邑白蘭地、20ml 君度橙酒
20ml 鮮榨檸檬汁、不需要裝飾物

你的觀察
（外觀、香氣、味道、材料的平衡）

❸ 你可以使用其他蒸餾烈酒（琴酒、威士忌、龍舌蘭）代替干邑白蘭地。

馬丁尼和新世代馬丁尼

自 1940 年代開始，不甜馬丁尼（Dry Martini）是在美國和英國人氣最旺的雞尾酒之一。為它撰寫的著作不可勝數，亦有許多名人為它加持。從 1904 年巴黎的一本雞尾酒書首次記載馬丁尼調酒以來，它隨著時代遞嬗持續地發展，衍生出一整個雞尾酒系列。將它納進一個系譜中，有助於觀察它的發展和變化版本。它的配方本身並沒有太大變化，最重要的是比例的逐漸演變，從甜至微甜、從不甜至極不甜！

一杯成功馬丁尼的精妙之處，就在於點酒服務：你要確保在調製它之前，提出正確的問題。

你喜歡怎麼樣的馬丁尼？喜歡以琴酒或是以伏特加作為基酒呢？哪一款是你最愛的琴酒？你偏愛微甜 medium dry（指以經典或西班牙手法調製的甜度），或是不甜 dry（以法式調製方法），又或是極不甜 very dry（以英式或美式調製方法）的馬丁尼？同時還要建議試試調製的方法（攪拌法或是搖盪法）。至於裝飾物，要放入檸檬皮捲或是橄欖？這是不能遺漏的最後一個問題。我還記得那些喜愛伏特加馬丁尼的美國顧客，他們每個月光顧酒吧一次，總是攜帶他們自己的橄欖！

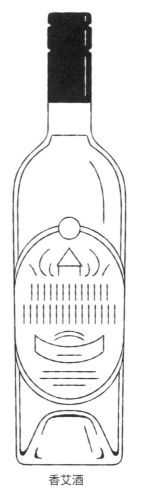

香艾酒

琴酒

一 馬丁尼雞尾酒 Martini

如果你遇見了一位不甜馬丁尼的粉絲，他極有可能是英國人或美國人，因為這款雞尾酒是他們文化不可或缺的一部分。不甜馬丁尼的基底為琴酒和香艾酒，其濃度隨著不同地區差距甚大，香艾酒添加的比例會從 50% 到……趨近於 0（不甜至極不甜型）。下列是幾款要學習掌握的酒譜。

經典不甜馬丁尼

起源

1904 年首次引介至巴黎，以「Dry Martini」為名，收錄於法蘭克·紐曼（Frank Newman）的《美式調酒》（American Bar）一書。

材料

- 35ml 英式倫敦琴酒
- 35ml 魯坦不甜香艾酒
- 1 滴蘇茲柑橘苦精（Suze Orange Bitters）

調製方法

把材料倒入預先冰鎮的攪拌杯。為了調製出充分冰涼和完美稀釋的馬丁尼，按照你學會的手法，用吧叉匙攪拌 30-40 秒，然後倒入杯中，裝飾後即可上桌。（參見第三課關於冰塊的章節）

酒杯

冰鎮的馬丁尼杯。

冰塊類型

不需要

裝飾物、妝點食材

在酒杯上方噴附未上蠟檸檬皮，並使用果皮摩擦杯壁抹上精油，接著丟棄果皮，以去籽綠橄欖裝飾，即可上桌。

雞尾酒品飲

這款琴酒和香艾酒比例各半的不甜馬丁尼，也是巴塞隆納的雞尾酒吧 Dry Martini 所使用的配方，它被公認為全球馬丁尼朝聖地的正宗地下酒吧。掛在酒吧上方的計數器，顯示該店已經賣出超過 100 萬杯不甜馬丁尼！這款馬丁尼甜潤多於乾澀，且能夠讓你適應馬丁尼的口感。

若要調出一款不甜（dry）的一杯酒，就必須逐漸加入越多的琴酒，同時降低香艾酒的比例。不甜馬丁尼的裝飾物非常重要，因為它對於最後的風味、嗅覺和味覺的層面影響甚鉅，因此千萬不能遺漏它。不甜馬丁尼一般以 1 顆橄欖裝飾。這款雞尾酒可作為餐前飲用。

法式標準酒譜

材料

- 55ml 琴酒（英式倫敦琴酒）
- 15ml 不甜香艾酒

裝飾物、妝點食材

以噴附完精油的檸檬皮或是 1 顆橄欖裝飾。

雞尾酒品飲

與甜型的經典酒譜相反，這道配方可調製出一種所謂「微甜」的調酒，如果沒有時間詢問顧客或賓客的話，它符合大多數的口味。

英式不甜馬丁尼
（用香艾酒涮攪拌杯）

起源

溫斯頓·邱吉爾（Winston Churchill）是不甜馬丁尼的重度愛好者。傳說他會一邊盯著香艾酒的瓶子，一邊啜飲他那杯實際上只加了琴酒的馬丁尼！我在參加倫敦多徹斯特飯店（The Dorchester Hotel）酒吧所舉辦的雞尾酒競賽時，發現了這個調製方法。

調製方法

在攪拌杯中加入冰塊至三分之二滿，倒入 1 shot 不甜香艾酒，用吧叉匙攪拌幾秒鐘，再用隔冰匙濾冰。倒入 80ml 琴酒，使用吧叉匙攪拌幾秒鐘，過濾至冰鎮馬丁尼杯。按顧客的要求，在酒杯上方噴附檸檬皮油，再以果皮裝飾，或以 1 顆橄欖裝飾。

雞尾酒品飲

依據使用的冰塊類型，這款馬丁尼喝起來不甜，甚至有點刺激。

薩爾瓦多雷・卡拉布雷斯的不甜馬丁尼（直調法）

起源

在 1980 年代初，薩爾瓦多雷・卡拉布雷斯於倫敦聖詹姆斯（Saint James）區的杜克酒店（Dukes Hotel）試驗出這款酒的調製方式。據薩爾瓦多雷的說法，這或許是最完美的馬丁尼。這個方法能夠節省時間，同時端上一杯冰涼的馬丁尼。

調製方法

將一瓶優質琴酒或伏特加放入冷凍庫（至少 1 天），馬丁尼杯冰入冷凍庫（至少 15 分鐘）。將香艾酒換瓶倒進一個附有小軟木塞的苦精瓶（例如安格仕），出酒孔能夠量測酒滴。

把烈酒從冷凍庫取出，直接在冰鎮的馬丁尼杯倒入 80ml 的琴酒或是伏特加，加入 2 至 3 滴不甜香艾酒。最後在酒杯上方噴附檸檬皮油，輕輕用果皮抹在酒杯杯緣，之後丟棄果皮，用 1 顆橄欖裝飾。

美式極不甜 Extra dry 馬丁尼

起源

美國總統富蘭克林・羅斯福或許會準備 1 杯不甜馬丁尼，慶祝禁酒令的終結！美國人喜愛不甜、辛辣，甚至是充滿苦味（含橄欖醃漬液的味道）的髒馬丁尼。

調製方法

在攪拌杯中加入冰塊至三分之二滿，倒入優質琴酒或伏特加，使用吧匙攪拌幾秒鐘，過濾冰塊，將雞尾酒倒進冰鎮馬丁尼杯。用不甜香艾酒在酒杯上方噴一下作為收尾，裝飾後即可上桌。

備註 香艾酒 [22] 必須存放於冰箱中保留它所有的風味（最佳飲用時間為 1 個月；最久存放 6 個月）。

髒馬丁尼 Dirty Martini

它應該是在 1990 年代發明於美國。這是一款含有 1 匙（份量依顧客喜好添加）醃漬橄欖的不甜馬丁尼。

吉普森 Gibson

在 1940 年代由插畫藝術家查爾斯・達納・吉布森（Charles Dana Gibson）於紐約球員俱樂部（The Player's Club）酒吧發明。這是一款以油醋珍珠洋蔥裝飾的不甜馬丁尼。

伏特加馬丁尼 Vodkatini

以伏特加為基酒來取代琴酒的不甜馬丁尼，受到詹姆士・龐德的大力推廣——他偏愛「搖盪，不要攪拌」（shaken, not stirred）的馬丁尼，也就是使用雪克杯搖酒至冰涼，而不是用吧匙攪拌！

我建議的伏特加酒為：瑞典絕對伏特加（Absolut Elyx）、維波羅瓦伏特加（Wyborowa Exquisite）、坎特一號（Ketel One）。

龍舌蘭馬丁尼 Tequini

這是一款使用 100% Agave 白色龍舌蘭代替琴酒的不甜馬丁尼。我建議的龍舌蘭酒有：馬蹄鐵（Herradura）、奧美加阿爾托斯（Altos）、卡勒 23 號（Calle 23）。

薇絲朋馬丁尼 Vesper

1951 年由吉爾伯托・普雷帝（Gilberto Pretty）在杜克酒店為著名的伊恩・佛萊明（Ian Fleming）發明了這款酒。直到 2008 年，電影《007 首部曲：皇家夜總會》（Casino Royale）上映後，這道酒譜才真正在全球爆紅。劇中詹姆斯・龐德向酒保點了 1 杯薇絲朋馬丁尼，以 3 份琴酒、1 份伏特加、半份白麗葉酒來調製，用雪克杯搖盪降低酒的溫度，盛裝在大容量馬丁尼杯中，把檸檬皮削成螺旋狀放進杯中。

香艾酒　　　伏特加

[22] 裝在噴霧罐中。

新鮮水果馬丁尼 Fresh Fruit Martini

這個新的短飲家族於 1990 年代現身美國，隨後於 2000 年代出現在倫敦。

Fresh fruit 代表新鮮水果、Martini 代表雞尾酒杯：新鮮水果馬丁尼是用波士頓雪克杯調製；它必須用到一支隔冰匙，然後是精細濾網，雙重過濾至標準馬丁尼杯或大容量馬丁尼杯，以便獲得均勻的調飲。它的基底很簡單，能夠讓你在同一個基本材料上製作出數杯水果雞尾酒：新鮮水果或蔬菜 + 糖 + 伏特加。

把水果與糖一起搗碎成泥，加入伏特加酒，搖盪並倒進馬丁尼杯中。雖然某些雞尾酒類可以搭配所有的基酒，但是新鮮水果馬丁尼只能搭配伏特加，因為後者是一種味道中性的蒸餾酒，可大幅提升水果或蔬菜口感。伏特加在不增添風味的情況下，能為雞尾酒帶入必要的強勁。

新鮮水果馬丁尼是款季節特調（參見 P10-11 的水果產季），不過只需用果泥代替水果，就可以一年四季調製這款酒。以下是我隨時間慢慢調整的配方，除了小黃瓜馬丁尼以外。某些用新鮮水果和果泥混合的新鮮水果馬丁尼會更加美味：例如不容易榨取的覆盆子汁液。

經典新鮮水果馬丁尼

覆盆子馬丁尼

波士頓雪克杯 / 冰鎮大容量馬丁尼杯
- 40ml 維波羅瓦伏特加
- 5ml 糖漿
- 4 顆新鮮覆盆子
- 30ml 覆盆子果泥

百香果馬丁尼

波士頓雪克杯 / 冰鎮大容量馬丁尼杯
- 40ml 維波羅瓦伏特加
- 5ml 糖漿
- 1/2 顆百香果
- 30ml 百香果果泥

西瓜馬丁尼

波士頓雪克杯 / 冰鎮大容量馬丁尼杯
- 40ml 維波羅瓦伏特加
- 5ml 糖漿
- 1/2 片新鮮西瓜

小黃瓜馬丁尼

2001 年由科林・彼得・菲爾德（Colin Peter Field）在巴黎麗茲酒店的海明威酒吧發明。

波士頓雪克杯 / 冰鎮普通馬丁尼杯
- 40ml 維波羅瓦伏特加
- 10ml 糖漿
- 1/8 條新鮮小黃瓜

豔星馬丁尼 Pornstar

起源

2004 年，由道格拉斯・安克拉（Douglas Ankra）在倫敦創造出來的，它是當時 LAB（London Academy of Bartending，倫敦調酒學院）聯盟和 Soho 區聯排別墅酒店的特色雞尾酒。直到 2010 年代，豔星馬丁尼才開始風行於倫敦的許多雞尾酒吧。

新鮮水果馬丁尼已經是一款以經典為基礎改良的現代版本，而豔星馬丁尼更是少數竄升全世界最熱銷雞尾酒排行的現代雞尾酒之一！（只有 2008 年問世的琴酒羅勒斯瑪旭，能在同樣短的時間內紅遍全球。）自 2010 年開始，巴黎的論壇酒吧（Le Forum）在法國掀起豔星馬丁尼的風潮。最後一提，這款短飲是第一個含新鮮百香果的經典飲料。

材料
- 40ml 絕對伏特加香草口味
- 40ml 百香果果泥
- 5ml Passoa 百香果利口酒
- 1 吧匙糖漿
- 1/2 顆百香果

調製方法

搖盪法

酒杯

大容量馬丁尼杯

冰塊類型

不需要

裝飾物、妝點食材

在酒杯中漂浮放進 1/2 顆新鮮百香果，倒入香草糖漿，並在酒杯中放 1 支小湯匙。

雞尾酒品飲

富有果香、酸酸甜甜，適合晚會飲用，香檳般的微酸大幅提升了這杯短飲的美味。

第十六課 **練習題**

練習一 測驗你的知識

在下文中填入合適的字彙：

不甜（dry）● 皮捲● 橄欖● 極不甜（extra dry）● 馬丁尼● 伏特加
不甜馬丁尼● 吧叉匙● 琴酒● 雪克杯● 微甜

你喜歡怎麼樣的 .... ？以 .... 或是 .... 作為基酒？

以 .... 攪拌冷卻或是用 .... 搖盪至冰涼？

你的 .... 是什麼口感？你偏好 .... 、................. 或

是 .... ？關於裝飾物，是使用檸檬 .... 或是 .... 。

練習二 認識配方

❶ 哪一項是新鮮水果馬丁尼的基本成分？

○ 新鮮蔬菜、糖、檸檬、伏特加　　　　○ 新鮮水果、糖、檸檬、伏特加

○ 新鮮水果或蔬菜、糖、伏特加　　　　○ 新鮮水果、糖、檸檬、琴酒

❷ 哪個水果是豔星馬丁尼的成分之一？

○ 鳳梨　　　　○ 百香果　　　　○ 荔枝　　　　○ 甜瓜

❸ 哪一款是調製薇絲朋馬丁尼不可或缺的開胃酒？

○ 諾利普拉不甜香艾酒　　　　○ 白麗葉開胃酒

○ 馬丁尼不甜香艾酒　　　　○ 皮爾苦味開胃酒

❹ 髒馬丁尼的特色是什麼？

○ 紅香艾酒　　　　○ 醃漬橄欖

○ 陳年蘭姆酒　　　　○ 櫻桃

練習三 訓練自己！

調製一杯或好幾杯不甜馬丁尼（Dry Martini），比較它的不同風味：這個練習的目的在於品嚐甜至極不甜的馬丁尼，並紀錄不同之處。

❶ 比較甜和微甜的馬丁尼：

調製方法：攪拌法

酒杯：普通馬丁尼杯（冰鎮）

裝飾物：在酒杯上方（10 至 15 公分處），噴附未上蠟的檸檬皮油，輕輕用果皮抹在酒杯杯緣，丟棄果皮。用 1 顆橄欖裝飾，即可上桌。

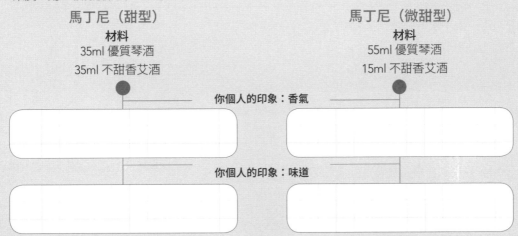

馬丁尼（甜型）

材料

35ml 優質琴酒

35ml 不甜香艾酒

馬丁尼（微甜型）

材料

55ml 優質琴酒

15ml 不甜香艾酒

你個人的印象：香氣

你個人的印象：味道

品酒分數： ...../5

品酒分數： ...../5

❷ 比較不甜和極不甜的馬丁尼：

酒杯：普通馬丁尼杯（冰鎮）

裝飾物：和前述相同的材料。

馬丁尼（不甜型）

調製方法

在酒杯中加入方冰塊至三分之二滿，倒入 25ml 不甜香艾酒。使用吧叉匙攪拌 10 多秒鐘，放隔冰匙在酒杯，濾除香艾酒（目的是為了用香艾酒涮攪拌杯，讓味道附著）。倒入 80ml 琴酒，使用吧叉匙攪拌幾秒鐘，用隔冰匙來過濾，將雞尾酒倒進服務的酒杯中。

馬丁尼（極不甜型）

調製方法

將一瓶優質琴酒放入冰箱至少一天。將香艾酒換瓶，倒入有小軟木塞和出酒孔的苦精瓶，而後把小瓶子放進冰箱冷藏 24 小時。從冷凍庫拿出琴酒瓶，倒入 80ml 在一個冰鎮的馬丁尼杯，加入 2 至 3 滴不甜香艾酒。

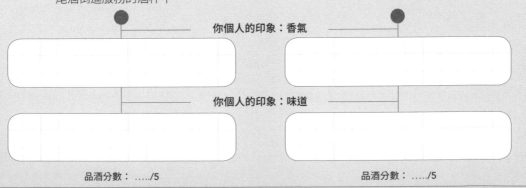

你個人的印象：香氣

你個人的印象：味道

品酒分數： ...../5

品酒分數： ...../5

古典雞尾酒 Old Fashioned

大衛・恩伯里在其著作《調酒的藝術》中，將古典雞尾酒列為最經典的六大雞尾酒。1800 年代發源於美國，這份酒譜由一位在路易斯維爾市的潘登尼斯俱樂部（Pendennis Club）服務的調酒師所研發。

古典的名字取自它的容器——威士忌杯，也稱為 Rock 杯，「On the rock」的術語由此而來。定義上的「雞尾酒」（由烈酒、苦酒、糖和冰水組成）同樣源自美國，並在 19 世紀時期廣為普及，當時干邑白蘭地、琴酒和威士忌經常用於調飲。今日我們所熟知的古典雞尾酒，保留了與當時相同的配方基礎。在兩個多世紀以前，當雞尾酒一詞在美國首次出現於書面記載時，古典雞尾酒無庸置疑是最符合雞尾酒定義的代表性調飲。在本課，你將會探索一些最棒的經典和現代古典雞尾酒譜！

備註 古典雞尾酒的調製方法在第五課中有詳細說明。

本頓古典雞尾酒
Benton's Old Fashioned

起源

2007 年由丹・李（Don Lee）在美國發明這款調酒。

材料

- 60ml 浸泡過培根的四玫瑰波本威士忌（Four Roses Bourbon）
- 1 匙楓糖漿
- 2 抖振安格仕苦精

調製方法

攪拌法

酒杯

古典杯

冰塊類型

方冰塊

裝飾物、妝點食材

橙皮噴附皮油後，放入酒杯。

雞尾酒品飲

波本威士忌和培根是絕配。把含有油脂的食材浸泡在烈酒的技法，稱為油脂浸泡（Fat-Wash），從 2012 年開始於歐洲風行。

波本古典雞尾酒
Bourbon Old Fashioned

起源

19 世紀末源自美國。

材料

- 60ml 渥福精選波本威士忌
- 1 顆白方糖
- 幾滴安格仕苦精

調製方法

直調法（參見第五課雞尾酒調製技法）。

酒杯

古典杯

冰塊類型

方冰塊

裝飾物、妝點食材

在酒杯噴附檸檬或柳橙果皮後，置於杯中；放入酒漬櫻桃。附上 1 支小湯匙。

雞尾酒品飲

適合餐前飲用。

XO 蘭姆古典雞尾酒

起源

2016 年我為法國蘭姆酒雜誌《Rumporter》創作了這款酒。

材料

- 50ml 瓜地馬拉帕莎朵歐樂 XO 蘭姆酒（El Pasador Guatemala）
- 5ml 糖漿
- 10ml 墨萊特咖啡白蘭地利口酒（Merlet Liqueur Café au Cognac）
- 2 滴蘇茲柑橘苦精

調製方法

直調法

酒杯

古典杯

冰塊類型

方冰塊

裝飾物、妝點食材

橙皮噴附皮油後放入酒杯裝飾、酒漬櫻桃。附上 1 支小湯匙。

雞尾酒品飲

這款古典雞尾酒呈現桃花心木色澤，它以濃郁咖啡、醃製柳橙和蔗糖蜜的香氣為特色。啜飲時，可發現 XO 蘭姆酒、咖啡白蘭地和香檸檬苦精達到完美平衡。適合餐後飲用。

蘇茲龍膽利口酒　　薰衣草　　方糖

自製食譜

培根油脂浸泡波本威士忌：倒入一瓶波本威士忌至密封罐。在鍋中加熱 200g 培根（為了取出 45ml 油脂），慢慢攪拌約 5 分鐘，逼出熱油。用細密雙層濾網過濾油，倒進裝有波本的密封罐。

搖晃全部材料，靜置 4 到 6 個小時後，放入冰箱 1 至 2 小時。再過濾一次，把凝結的油脂移除（倒進過濾布），用一個小濾斗將酒液裝回波本酒瓶。

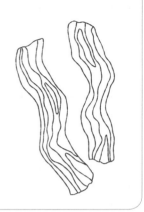

蘇茲古典雞尾酒 Suze ♥

起源

由史蒂芬・馬森創造。2008 年我在倫敦諾丁丘的倫斯敦（Lonsdale）酒吧發現這道美味的酒譜。

材料

- 60ml 蘇茲龍膽利口酒
- 5ml 糖漿
- 2-3 滴薰衣草苦精

調製方法

直調法

酒杯

古典杯

冰塊類型

方冰塊

裝飾物、妝點食材

橙皮噴附皮油後，皮捲放入酒杯。

雞尾酒品飲

新鮮爽口，微帶苦味。龍膽和薰衣草味道完美融合。

其他還有……

裸麥威士忌古典雞尾酒

蘇格蘭威士忌古典雞尾酒

陳年農業蘭姆古典雞尾酒：馬丁尼克 JM VSOP 蘭姆酒

梅斯卡爾古典雞尾酒：使用龍舌蘭蜜代替糖漿

干邑白蘭地古典雞尾酒：ABK6 VSOP 干邑白蘭地

♥：約恩的最愛

以薄荷為基底的雞尾酒

● 朱莉普 Julep ● 斯瑪旭 Smash

朱莉普雞尾酒稍早於 1800 年誕生在美國。這個短飲家族曾在炎熱時節非常受歡迎。

朱莉普是直接在不鏽鋼金屬杯中調製，由各種烈酒、糖和新鮮薄荷所組成。它加入碎冰飲用，並用一枝薄荷葉裝飾。最受歡迎的一道酒譜為薄荷朱莉普（波本威士忌、新鮮薄荷、糖）。

斯瑪旭在 1850 年代源於美國。它們的作法和朱莉普雞尾酒相似，差別在於它放的薄荷葉較少，並且用當季水果裝飾。幸運的是，這支古老的雞尾酒家族在 1990 年代由著名調酒師戴爾·德格羅夫（Dale DeGroff）──許多美國同行的導師──重新掀起潮流。最受歡迎的其中一道酒譜為威士忌斯瑪旭（裸麥威士忌、新鮮薄荷、檸檬角）。2000 年中期，風靡全世界的威士忌斯瑪旭啟發了約爾格·梅爾（Joerg Meyer）想出一款當代酒譜──著名的琴酒羅勒斯瑪旭（琴酒、羅勒、檸檬、糖），使得這個短飲家族再度享譽國際。

正宗喬治亞薄荷朱莉普 Real Georgia Mint Julep

材料
- 適量新鮮薄荷葉
- 1 吧匙溶解的糖水
- 25ml 墨萊特兄弟調和干邑白蘭地
- 25ml 墨萊特葡萄園蜜桃香甜酒

調製方法

搗壓薄荷（不要壓碎）和糖，加入干邑白蘭地和蜜桃香甜酒，在朱莉普杯中補滿碎冰。使用吧叉匙攪拌幾秒鐘，再次補滿碎冰，裝飾，即可上桌。

裝飾物、妝點食材

使用 1 個新鮮鳳梨角和 1 小束薄荷裝飾，端上鋪滿碎冰的雞尾酒，附上 2 根吸管。

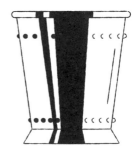

薄荷朱莉普 Mint Julep

起源

薄荷朱莉普是知名調酒莫希托的前身。它起源
於美國，是最古老的雞尾酒家族之一，最初是
加入干邑白蘭地調製。朱莉普是一款清涼的飲
品，讓肯塔基州居民在炎熱的夏季生津解渴。
某些酒吧將它作為店裡的特色調飲，例如倫敦
的 All Star Lane 酒吧會用冰鎮的華麗金屬杯裝
盛朱莉普雞尾酒。薄荷朱莉普已經成為肯塔基
州賽馬比賽（肯塔基德比，Kentucky Derby）
的官方指定雞尾酒，每年賽事會賣出 12 萬杯
的薄荷朱莉普。

材料
- 60ml 渥福精選波本威士忌
- 1 抖振糖漿
- 適量新鮮薄荷葉

調製方法
直調法（參見第五課薄荷朱
莉普調製技法）。

酒杯
朱莉普杯

冰塊類型
碎冰

裝飾物、妝點食材
一株薄荷葉

雞尾酒品飲
薄荷朱莉普是一款清涼解渴
的雞尾酒，適合夏季飲用。

同樣基底的其他款朱莉普

梅斯卡爾朱莉普 Mezcal：60ml 梅斯卡爾、1 抖振龍舌蘭蜜、適量新鮮薄荷葉

白蘭地朱莉普：60ml 卡爾瓦多斯 / 皮斯可 / VS 或 VSOP 干邑白蘭地、1 抖振糖漿、適量新鮮薄
荷葉

夏特勒茲朱莉普 Chartreuse：60ml 綠色夏特勒茲、1 抖振自製蜂蜜糖漿、適量新鮮薄荷葉

加勒比海朱莉普
Carribean Julep

起源

2011 年，朱利安・埃斯科（Julien Escot）和朱利安・羅培茲（Julien Lopez）在蒙彼利埃的雙倍老爸（Papa Doble）酒吧中創作出加勒比海朱莉普。接著在哈瓦那俱樂部國際雞尾酒大賽中，他讓配方至臻完美，在 2012 年以這款酒摘下世界冠軍。

材料

- 80ml 哈瓦那俱樂部 7 年蘭姆酒
- 8 至 10 片新鮮薄荷葉
- 20ml 法勒南利口酒
- 5ml 比特儲斯多香果苦精（Pimento Dram）

調製方法

用搗棒在酒杯搗壓薄荷葉。倒滿碎冰，加入其餘材料。使用吧叉匙攪拌幾秒鐘，補滿碎冰，裝飾，即可上桌。

酒杯

朱莉普杯

冰塊類型

碎冰

裝飾物、妝點食材

帶葉薄荷枝、醃漬水果、磨碎的香辛料

雞尾酒品飲

隨時皆可飲用的雞尾酒。

百萬富翁朱莉普
Millonario Julep

起源

2017 年，我為了新上市的百萬富翁蘭姆酒（Rhum Millonario）創造這款雞尾酒。

區別不同種類的酒

法勒南 Velvet Falernum： 1890 年問世，源自巴貝多，是酒精濃度低的異國利口酒。它由甘蔗糖漿釀成，帶有混合萊姆、杏仁、薑和丁香的香氣。法勒南利口酒用來調製提基類雞尾酒。

多香果苦精 Pimento Dram： 以牙買加蘭姆酒為基底的辛香調利口酒（有突出的甘蔗和丁香味）。酒精成分有 22%，由比特儲斯（The Bitter Truth）所生產。

材料

- 45ml 百萬富翁蘭姆酒 10 年（秘魯）
- 5ml 吉拿酒
- 2 滴芬味樹蜜桃苦精
- 10ml 瑪拉斯奇諾黑櫻桃利口酒
- 10ml 自製鳳梨糖漿
- 8 至 10 片新鮮薄荷

調製方法

直接放入薄荷和糖漿在冰鎮的朱莉普圓形金屬杯，用搗棒搗壓薄荷葉幾秒鐘，不要壓碎。加入其他材料，並在酒杯中加入方冰塊至三分之二滿。輕輕用吧叉匙攪拌，再次補滿碎冰，裝飾後即可上桌。

酒杯

朱莉普杯

冰塊類型

碎冰

裝飾物、妝點食材

一株薄荷葉、酒漬櫻桃。附上兩根吸管。

雞尾酒品飲

雖然朱莉普一般在夏天飲用，但你

亦可在冬天自在暢飲百萬富翁朱莉普。這款雞尾酒帶有薄荷的清涼和吉拿酒味，香氣複雜而強烈。秘魯蘭姆酒搭配上義大利瑪拉斯奇諾黑櫻桃利口酒，充分將酒的香氣發揮極致。這款朱莉普每一口入喉都無與倫比驚嘆！

威士忌斯瑪旭
Whiskey Smash

起源

這款雞尾酒由戴爾・德格羅夫 1999 年創作於紐約。

材料

- 3 個未上蠟的檸檬角
- 6 片薄荷葉
- 15ml 糖漿
- 60ml 糖漿裸麥威士忌（Roof Rye）

調製方法

底杯加入方冰塊至三分之二滿。前三樣材料放入後上蓋，使用一支搗棒搗壓，加入裸麥威士忌。以隔冰匙濾掉底杯融水，密合上下杯，搖盪十多秒後，濾出酒液（以細密濾網，仔細雙重過濾果渣），倒入放滿冰塊的古典雞尾酒。裝飾後即可上桌。

酒杯

古典杯

冰塊類型

方冰塊

裝飾物、妝點食材

一株薄荷葉。不需附上吸管。

雞尾酒品飲

戴爾・德格羅夫為了那些不喜歡威士忌的酒客，創造了這款平易近人、「容易入喉」的調酒。威士忌斯瑪旭相當美味，是款具清爽口感、用簡單材料製成的短飲。它隨時皆可飲用。

琴酒羅勒斯瑪旭

起源
2008 年由約爾格·梅爾在漢堡創作，之後便迅速名列為當代經典雞尾酒。

材料
- 60ml 坦奎利 10 號琴酒
- 20ml 糖漿
- 20ml 鮮榨檸檬汁
- 2 株美麗的羅勒葉

調製方法
在底杯加入方冰塊至三分之二滿。上蓋後倒入羅勒葉、糖漿和檸檬汁，然後使用搗棒用力搗壓，直至材料混合均勻。倒掉底杯融水，加入琴酒，密合上下蓋，然後用力搖盪，直到雪克杯杯壁變得冰涼為止。以隔冰匙過濾並仔細地用濾網雙重過濾，再將酒液倒進冰鎮的古典杯。裝飾後即可上桌。

酒杯
古典杯

冰塊類型
方冰塊（最好使用一大塊方冰塊）

裝飾物、妝點食材
一片羅勒葉

雞尾酒品飲
你的味蕾將難以抗拒羅勒葉和琴酒融合的美味。羅勒斯瑪旭是清爽口感的短飲，適合在夏季接近傍晚的時刻飲用。

古巴斯瑪旭 Cuban Smash

起源
2010 年，我在普盧馬納赫（Ploumanac'h）卡斯特美景酒店中創造這款酒，並改良至完美。2010 年，在法國調酒師協會於里昂所舉辦的佩諾調酒大賽中，古巴斯瑪旭獲得長飲類首獎，並在 2011 年古巴哈瓦那俱樂部雞尾酒決賽中獲得第 5 名。

材料
- 50ml 3 年蘭姆酒哈瓦那俱樂部（Havana Club）
- 5ml 荔枝利口酒或薑汁利口酒
- 1 抖振鮮榨萊姆汁
- 1 吧匙白砂糖
- 1 株美麗的羅勒葉
- 80ml 鮮榨鳳梨汁

調製方法
在底杯加入方冰塊至三分之二滿，上蓋後搗壓羅勒葉和萊姆汁，加入其餘材料。倒掉底杯融水後搖盪，濾出雪克杯的酒液（並以細密濾網仔細地雙重過濾），倒入裝滿三分之二杯冰塊的高球杯。

酒杯
高球杯

冰塊類型
方冰塊

裝飾物、妝點食材
新鮮鳳梨扇、羅勒葉。附上兩根吸管。

雞尾酒品飲
隨時皆可飲用的異國風味長飲，古巴斯瑪旭富有果香、微酸。哈瓦那俱樂部 3 年蘭姆酒的清新風味與羅勒葉達成完美的平衡。鳳梨汁為這款長飲注入美妙的口感和一抹異國情調。許多酒吧的酒單上皆收錄了古巴斯瑪旭。

自製食譜

鳳梨糖漿：
250ml 鳳梨汁，250g 糖，等於果汁與糖的比例為 1:1。

攪拌使糖溶解均勻，過濾至一個瓶子中，保存於陰涼處 4 至 5 週。

四維索雞尾酒
Swizzle

四維索起源於加勒比地區。這個種類的雞尾酒含有和酸酒相同的基底材料（即烈酒、糖、檸檬汁，有時會加入苦精）。四維索直接在古典杯或高球杯使用調酒棒（swizzle stick，克里奧語稱為 bois lélé）調製。後者能夠在攪拌的同時冷卻酒液。使用攪拌棒只需以雙手掌心緊握，隨著音樂節奏快速轉動，就像身處於馬丁尼克島一樣！

2008 年，我在「牛奶與蜜」（倫敦的地下雞尾酒吧）的雞尾酒單上首度發現四維索雞尾酒。雖然這系列雞尾酒早在 1930 年就收錄於《薩沃伊雞尾酒大全》，但一直到前 10 年間，它才真正在國際上獲得知名度。四維索可作為短飲或長飲，最受歡迎的酒譜是蘭姆四維索或是小潘趣四維索。

安格仕苦精

琴酒

琴酒四維索

起源
1930 年收錄於《薩沃伊雞尾酒大全》。

材料
- 50ml 普利茅斯琴酒（Plymouth Gin）
- 25ml 鮮榨萊姆汁
- 15ml 糖漿
- 1 抖振安格仕苦精

調製方法
鑽木式攪拌法（參見第五課雞尾酒調製技法）。

酒杯
高球杯

冰塊類型
碎冰

裝飾物、妝點食材
萊姆皮捲噴附皮油後，投入酒杯裡。附上 2 根吸管。

雞尾酒品飲
酸酸甜甜、清涼解渴，四維索適合夏季飲用。

調飲變化
蘭姆四維索：用白蘭姆酒取代琴酒，以法勒南糖漿（Falernum）取代普通糖漿。

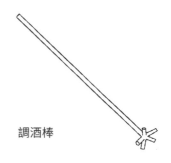

調酒棒

小潘趣四維索

起源

2015 年，我在馬丁尼克島的第一屆小潘趣世界盃（Ti Punch Cup）決賽創作出這款酒。

材料

- 2個萊姆角噴附皮油後放入酒杯。
- 1 抖振糖漿
- 50ml JM 農業白蘭姆酒 50%

調製方法

鑽木式攪拌法

酒杯

潘趣酒杯或是古典杯

冰塊類型

碎冰

裝飾物、妝點食材

不需要

雞尾酒品飲

清涼的小潘趣令人驚豔。這款短飲清爽且富含果香，優質的白蘭姆酒能夠帶出甘蔗的新鮮和植物風味。這是隨時皆可飲用短飲。

調飲變化

陳年蘭姆四維索：用陳年蘭姆代替白蘭姆酒，就可以調出一款糅合木桶和香草的味道，口感更醇厚的短飲。

推薦的農業白蘭姆酒：

- 克萊蒙藍蔗（Clément Canne Bleue 馬丁尼克島）
- 聖詹姆士甘蔗之花（Saint-James Fleur de Canne，馬丁尼克島）
- 克萊漢塞諸（Clairin Sajou，海地）
- 比埃樂灰蔗 59%（Bielle canne grise，瓜德羅普島）

推薦的陳年蘭姆酒：

- JM（馬丁尼克）
- VSOP 達莫索（Damoiseau，瓜德羅普島）
- VSOP 克萊蒙（馬丁尼克島）
- VSOP 三河（Trois Rivières VSOP，馬丁尼克島）

植物四維索
Botanical Swizzle

起源

為朱利安‧埃斯科（Julien Escot）的作品。這款雞尾酒在 2014 年 5 月 16 日於著名的利口酒品牌創始日——夏特勒茲之日（Chartreuse Day）問世。

材料

- 6 至 8 片新鮮薄荷葉
- 50ml 綠色夏特勒茲
- 20ml 法勒南利口酒
- 20ml 鮮榨萊姆汁
- 30ml 以調理機攪拌的新鮮小黃瓜汁
- 30ml 氣泡水

調製方法

直接用搗棒在酒杯搗壓薄荷葉。倒滿碎冰，然後加入其他材料。使用調酒棒（Swizzle）攪勻。裝飾後立即送上桌。

酒杯

高球杯

冰塊類型

碎冰

裝飾物、妝點食材

1 株薄荷葉、小黃瓜薄片。附上 2 支吸管。

雞尾酒品飲

植物學家四維索是清爽的長飲，每種成分都充分展現出這個特質。小黃瓜的新鮮和綠色夏特勒茲的草藥味完美融合。無論何時，你都可以輕鬆品飲這款調酒。

夏特勒茲

陳年蘭姆酒

提基 Tiki 雞尾酒

這個長飲雞尾酒家族起源於 1930 年代、禁酒令剛廢止時的美國。它的崛起主要歸功於兩個酒吧傳奇人物：暱稱為唐·畢奇且發明殭屍（Zombie）的歐內斯特·雷蒙德－甘特，以及暱稱為維克商人，又發明邁泰（Mai Tai）的維克多·朱爾斯·貝傑龍。唐·畢奇在 1934 於好萊塢開設他的酒吧（Donn the Beachcomber，「海灘尋寶者」唐），一家帶有熱帶風情裝潢的酒吧，提供各種蘭姆酒為基酒的調飲。緊接著，維克商人以相近的風格重新設計了他的餐酒館辛基丁克（Hinky Dinks），提供所有類型的潘趣酒和其他具異國情調的雞尾酒。提基一詞來自玻里尼西亞文化，是一種圍繞飲食和酒飲的生活藝術。唐和維克商人各自在他們的酒吧把它發揚光大，提基風潮一路風靡至 1960 年代為止。自 10 年前開始，提基風格的酒吧概念重新復興。它的獨特之處在於具有熱帶情調的環境、輕鬆愜意的氣氛和裝盛在神祕酒杯的異國酒飲。提基雞尾酒以雪克杯或是攪拌機製備，放滿碎冰享用，通常含有好幾種蘭姆酒和果汁。兩款最受歡迎的酒譜為邁泰和殭屍。

邁泰 Mai Tai

起源

對大溪地人來說，Mai Tai 代表「極品」的意思。它由維克商人於 1944 年在自己的餐廳所創造。原始配方包含牙買加雷＆姪子陳年蘭姆酒（17 年）、荷蘭庫拉索橙皮利口酒、萊姆汁、杏仁糖漿和普通糖漿。當生產陳年牙買加蘭姆酒的公司停止經銷時，維克商人使用馬丁尼島蘭姆酒和牙買加深色蘭姆酒勾兌而成的酒，重現他最初所使用的蘭姆酒風味。

市面上有多少間提基酒吧，就有多少份邁泰酒譜。我向你推薦的這份酒譜，是依據我在維克商人其中一間酒館中發現的邁泰酒譜來作調整的，因為這份與原始酒譜最相近。

材料
- 50ml 牙買加阿普爾頓 12 年蘭姆酒
- 15ml 杏仁糖漿
- 25ml 鮮榨萊姆汁
- 10ml 皮耶費朗干邑橙酒庫拉索
- 適量牙買加雷＆姪子高濃度蘭姆酒（Wray & Nephew Overproof 63 %）

> 備註 如果你找不到皮耶費朗干邑橙酒庫拉索，就用柑曼怡利口酒（紅絲帶）。

調製方法
在雪克杯底杯加入方冰塊至三分之二滿，上蓋倒入前 4 種材料，蓋緊上下雪克杯，搖晃直到雪克杯壁變得冰涼。以隔冰匙濾掉冰塊，將酒液倒進裝盛的酒杯，杯中裝滿優質冰塊。裝飾後即可上桌。

酒杯
提基杯

冰塊類型
碎冰或手鑿冰

裝飾物、妝點食材
1 株薄荷葉、柳橙皮、瑪拉斯奇諾糖漬櫻桃。附上 2 根吸管。

雞尾酒品飲
邁泰是清涼爽口的短飲型提基，隨時皆可飲用。

其他款蘭姆酒的搭配
- 25ml VSOP 克萊蒙和 25ml 50 % 克萊蒙藍蔗蘭姆酒
- 25ml 阿普爾頓莊園特選（V/X）和 25ml 63% 牙買加雷＆姪子高濃度蘭姆酒
- 25ml 牙買加普雷森蘭姆酒
- 25ml 普雷森高濃度黑色蘭姆酒

殭屍 Zombie

起源

1934 年由唐・畢奇在好萊塢的酒吧「海灘尋寶者唐」中發明。殭屍有多款酒譜；一般而言，每個酒保都有自己專屬的酒譜和勾兌的蘭姆酒。這份酒譜所使用的材料、數量和蘭姆酒的產地與原版相近。

材料

- 20ml Don Q 金色蘭姆酒（波多黎各）
- 20ml 普雷森 OFTD 高濃度蘭姆酒 69%（與圭亞那、巴貝多和牙買加蘭姆酒勾兌）
- 20ml 麥爾思蘭姆酒（牙買加）
- 20ml 恩巴戈陳年蘭姆酒（與馬丁尼克、瓜地馬拉和古巴蘭姆酒勾兌）
- 15ml 露薩朵瑪拉斯奇諾黑櫻桃利口酒

- 1 抖振法勒南利口酒
- 2 抖振佩諾苦艾酒
- 2 抖振安格仕苦艾酒
- 1 抖振紅石榴糖漿
- 15ml 鮮榨萊姆汁
- 25ml 鮮榨粉紅葡萄柚

調製方法

搖盪法或混合法

酒杯

提基杯

冰塊類型

碎冰

裝飾物、妝點食材

扇形鳳梨、1 株薄荷葉、瑪拉斯奇諾糖漬櫻桃。附上 2 根吸管。

雞尾酒品飲

殭屍是款適合晚會享用的長飲型提基。盛裝在大容量並放滿碎冰（讓融水能稀釋酒精濃度，並讓酒液變得冰涼）的提基酒杯，這一點很重要。這份酒譜能雙人享用，但一人不要喝超過兩杯，因為這款提基的酒精濃度相當高。如果你想嘗試提基類型的殭屍，使用量酒器測量酒精份量是很重要的。

分層調酒

調製分層雞尾酒在於疊加一種或好幾種材料，並依據它們的密度做出層次。酒精是比重最輕的液體，它總是倒在其他材料上層。

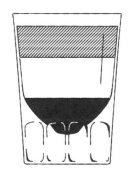

從 19 世紀初到 1970 年，普施咖啡（Pousse-café）是最受歡迎的分層調酒作法。普施咖啡是一杯至少由 3 層材料組成、以鬱金香杯裝盛的雞尾酒。它可以在餐中或是餐後飲用。這個古老的系列收錄於最早的美國調酒參考書，並漸漸沒落。在 1980 年至 1990 年間，它被「一口分層調酒」（shooter）取代，最知名的一款為 B-52。與普施咖啡相反，一杯 shooter 通常是一口乾掉。

要調製一杯普施咖啡，得從最甜的材料開始注入，至最不甜的：

1. 糖漿（約 650g/L）
2. 香甜酒（250g/L 至 400g/L）
3. 金巴利
4. 利口酒（100g/L 至 249g/L）
5. 紅香艾酒
6. 白香艾酒
7. 不甜香艾酒
8. 蒸餾烈酒

B-52 轟炸機

材料和調製方法

按照下列順序，利用吧叉匙徐徐倒入：

- 卡魯哇（Kahlúa）咖啡酒
- 貝禮詩奶酒
- 柑曼怡（紅絲帶）白蘭地橙酒

桑蒂納的普施咖啡 Santinna's pousse-café

材料和調製方法

按照下列順序，利用吧叉匙徐徐倒入：

- 瑪拉斯奇諾黑櫻桃利口酒
- 庫拉索橙皮酒
- 干邑白蘭地

愛情普施
Pousse-l'amour

愛情普施和桑蒂納的普施咖啡（前頁右下）收錄於傑瑞・湯瑪斯的著作，是當時代最受歡迎的兩款酒譜。

材料和調製方法

按照下列順序，利用吧叉匙徐徐倒入：

- 15ml 瑪拉斯奇諾黑櫻桃利口酒
- 1 顆蛋黃
- 15ml 香草糖漿
- 15ml VSOP 干邑白蘭地

經典普施咖啡

下列酒譜由妮塔・里昂（Ninette Lyon）彙整於她的著作《雞尾酒和酒精飲料攻略指南》（*Le Guide Marabout des cocktails et boissons alcoolisés*，1980 年 由 Marabout 出版）。

材料和調製方法

按照下列順序，利用吧叉匙徐徐倒入材料，每種各 5ml：

- 紅石榴或覆盆子糖漿
- 棕可可香甜酒
- 瑪拉斯奇諾黑櫻桃利口酒
- 庫拉索橙皮酒
- 薄荷香甜酒
- 瑪麗白莎紫羅蘭利口酒（Parfait amour）或其他款紫羅蘭利口酒
- 干邑白蘭地

紐約酸酒 New York Sour

紐約酸酒是裝盛在碟型香檳杯的威士忌酸酒，並倒入大量波爾多紅葡萄酒作為收尾。若使用干邑白蘭地代替威士忌，就可以調出歐陸酸酒。2008 年，我同埃絲特・梅迪納・奎斯塔，以及約安・拉扎雷斯，在 Soho 的一間地下酒吧發現了這個技法。

材料和調製方法

許多調酒師會用盛冰塊的古典杯來裝這款雞尾酒（如同威士忌酸酒），但是當它裝在一個大的碟型香檳杯中時，外型看起來更加優雅，因為能讓人一眼望穿交疊的不同分層。

要成功倒入紅酒，我建議的方式：

1 在波士頓雪克杯的上蓋倒入 15ml 紅酒。

2 把（螺旋狀）吧叉匙垂直放在酒液上方，杵狀一端靠在酒的液面上。

3 小心翼翼地把上蓋的紅酒貼著吧柄倒入，讓紅酒能徐徐沿著匙柄流下。傾倒紅酒時，你可以逐漸看見浮現的薄薄紅酒層。

這款雞尾酒不含任何裝飾物，但它的色澤、質地和層層的堆疊，讓它成為一款視覺上非常賞心悅目的雞尾酒。

第十七課至二十課 **練習題**

練習一 複習一下歷史吧！

1 哪一本著作將古典雞尾酒列為歷史上六大最經典的雞尾酒？

○《薩沃伊雞尾 酒大全》　　○《咖啡館皇家 雞尾酒》　　○《華爾道夫雞 尾酒吧指南》　　○《調酒的藝 術》

2 哪一款是使用油脂浸泡技法（將含有油脂的食材浸泡在烈酒的技法）的當代調酒？

○ 蘇茲古典雞 尾酒　　○ XO 蘭姆古典 雞尾酒　　○ 本頓古典 雞尾酒　　○ 波本古典 雞尾酒

3 哪一位出名的調酒師重新掀起斯瑪旭家族的風潮？

○ 戴爾・德格 羅夫　　○ 朱利安・埃 斯科　　○ 安格斯・溫 徹斯特　　○ 約爾格・梅 爾

練習二 測驗對雞尾酒家族的認識

1 哪一項是古典雞尾酒的基本成分？

○ 各種類型的烈 酒、檸檬汁、 糖、苦精　　○ 各種類型的烈 酒、糖、苦精、 櫻桃　　○ 各種類型的烈 酒、糖、苦精　　○ 各種類型的烈 酒、糖、苦 精、新鮮薄荷

2 在二十一世紀中，可以用下列哪一項方式區別斯瑪旭和和朱莉普雞尾酒？

○ 薄荷的用量　　○ 調製的方法　　○ 基酒　　○ 裝飾物

3 薄荷朱莉普是用哪一種酒杯直接調製？

○ 高球杯　　○ 古典杯　　○ 小碟型杯　　○ 圓柱形金屬杯

練習三 複習一下歷史吧！

將雞尾酒從最古老至最新排序：

琴酒四維索 ●　植物學家四維索 ●　四維索 ●　邁泰 ●　殭屍

1 ....　　**2** ....　　**3** ....

4 ....　　**5** ....

練習四 測驗對雞尾酒家族的認識

波本古典雞尾酒的品飲比較：這個練習的目的是依據使用不同類型的糖，指出口感的差異。製作兩款配方的波本古典雞尾酒：使用方糖的經典技法和使用糖漿的配方。攪拌、品嚐和比較看看！

裝飾物、妝點食材：酒杯上方噴附橙皮油，皮捲放入杯中，用酒漬櫻桃裝飾，附上 1 支湯匙。

經典波本古典雞尾酒

材料：60ml 波本威士忌、1 顆白方糖、幾滴安格仕苦精

調製方法：參見第五課雞尾酒調製技法。

加入糖漿的波本古典雞尾酒

材料：60ml 波本威士忌、10ml 糖漿、幾滴安格仕苦精

調製方法：在一個古典杯倒入 10ml 糖漿，加入幾滴安格仕苦精，酒杯補滿方冰塊。倒入 60ml 波本威士忌，使用吧叉匙攪拌幾秒鐘。

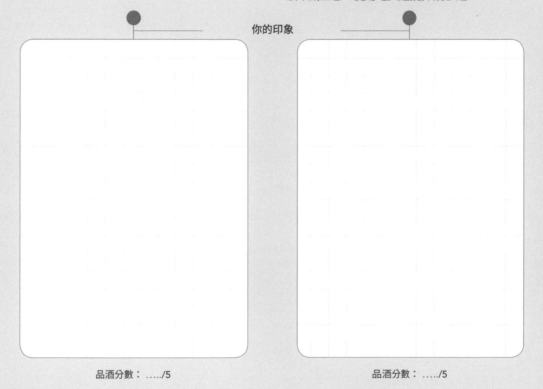

你的印象

品酒分數：....../5　　　　品酒分數：....../5

練習五 複習一下歷史吧！

將每種雞尾酒與使用冰塊類型連連看：

蘭姆四維索 ●
琴酒四維索 ●
邁泰 ●
殭屍 ●
老潘趣四維索 ●

● 立方冰
● 碎冰
● 冰磚

練習六 訓練自己！

提基類型雞尾酒——邁泰的品飲比較：這個練習的目的是調製出兩款不同的邁泰，一款使用牙買加蘭姆，另一款使用馬丁尼克島蘭姆。

要製作邁泰，必須準備一個小酒缽，裡面裝滿碎冰。

調製方法：搖盪法

酒杯：裝滿碎冰的古典杯。

裝飾物、妝點食材：以 1 株薄荷葉、1 條橙皮捲、1 顆瑪拉斯奇諾櫻桃裝飾，附上 2 根吸管。這個練習能夠讓人嘗試用兩種不同類型的蘭姆酒來調製邁泰，以便為這款雞尾酒找到屬於自己風格的蘭姆酒。你之後可以自由發揮其他組合。

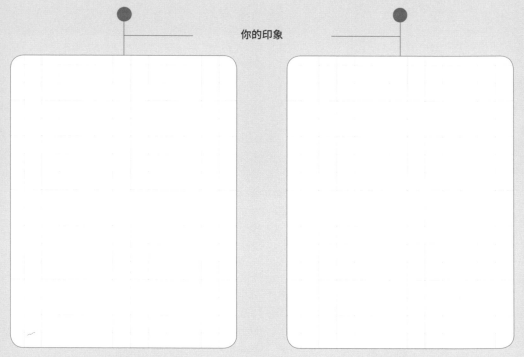

邁泰搭配牙買加蘭姆酒

材料

50ml 阿普爾頓莊園或普雷森蘭姆。

10ml 皮耶費朗干邑（庫拉索）橙酒

25ml 鮮榨萊姆汁

15ml 杏仁糖漿

最後注入一層高濃度蘭姆酒漂浮
（牙買加雷＆姪子或普雷森）

邁泰搭配法式蘭姆酒
（馬丁尼克島）

材料

50ml 克萊蒙 VSOP 蘭姆酒

10ml 柑曼怡（紅絲帶）

25ml 鮮榨萊姆汁

15ml 杏仁糖漿

最後注入一層克萊蒙藍蔗農業型
白蘭姆酒 50% 漂浮

你的印象

品酒分數：…../5

品酒分數：…../5

本練習讓您可以嘗試用 2 種不同類型的朗姆酒來調製邁泰，以便為這款雞尾酒找到適合自己的朗姆酒風格。你以後可以自由嘗試其他組合。

第二十一課 **練習題**

練習一 測驗你的知識找出 B-52 配方中正確的材料順序：

❶ 卡魯哇 / 貝禮詩奶酒 / 柑曼怡（紅絲帶）

❷ 貝禮詩奶酒 / 卡魯哇 / 柑曼怡（紅絲帶）

❸ 柑曼怡（紅絲帶）/ 卡魯哇 / 貝禮詩奶酒

練習二 訓練自己！

這個練習的目的是調製出你自己的普施咖啡，把最甜的材料至最不甜的，疊出不同的分層（至少三層）。從下面的材料列表中，製作你自己的普施咖啡：

VS 或 VSOP 級干邑白蘭地 ●　　不甜香艾酒 ●　　紅香艾酒

杏仁糖漿 ●　　紅石榴糖漿 ●　　金巴利 ●　　君度橙酒

柑曼怡 ●　　綠色夏特勒茲 ●　　黑醋栗香甜酒 ●　　白香艾酒

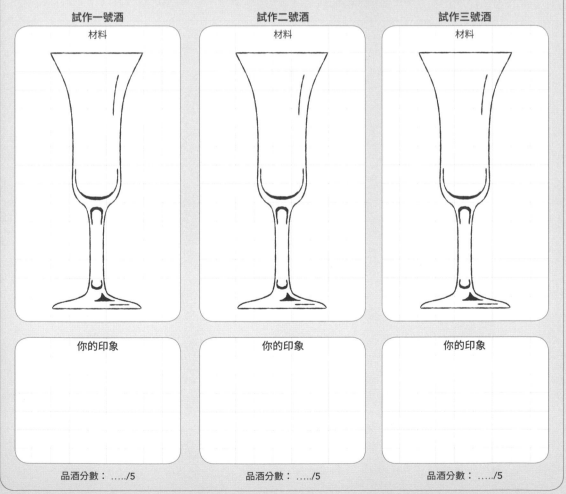

試作一號酒	試作二號酒	試作三號酒
材料	材料	材料
你的印象	你的印象	你的印象
品酒分數：…../5	品酒分數：…../5	品酒分數：…../5

第三章

經典雞尾酒

一款經典雞尾酒的組成，通常包含符合 3S 法則的 3 種材料：Sweet、Sour、Strong。Strong 代表烈度，也就是基酒；Sour 代表柑橘或苦精帶來的酸度或苦味；Sweet 是糖漿、利口酒或是以葡萄酒混合烈酒的餐前酒。

經典雞尾酒大多出現在美國禁酒令期間（1919-1933 年）的古巴和歐洲，而且多以潘趣、酸酒和朱莉普等雞尾酒系列作為配方的基礎。透過本章，你將會發現一些最具代表性的酒譜，裡面也有不少是我個人的最愛。

一款經典雞尾酒包含 4 種酒譜：原始酒譜、國際通用酒譜、你個人的酒譜和變化版本。我在這裡定義的經典雞尾酒清單以及它們的配方比例，是我個人經驗的一部分。我隨著時間改良它們，並一直持續讓它們更加完美。接著就輪到你來攪拌、搖盪和歡笑吧！

基本型雞尾酒

- 苦艾酒冰滴 Absinthe Drip ● 香檳雞尾酒
- 阿方索雞尾酒 Alfonso Cocktail ● 貝里尼 Bellini

苦艾酒冰滴

起源

苦艾酒是一種稀釋飲用的烈酒。傳統作法在於用一份佩諾（Pernod）苦艾酒配 5 份清涼礦泉水，讓水滴在方糖上稀釋酒精而成。在 1805 年（它發明的年分）和 1830 年之間，佩諾苦艾酒主要銷售於瑞士法語區和弗朗什 - 孔泰地區。直到 1840 年，苦艾酒才風靡了巴黎餐酒館，並成為下午 5 點至 7 點之間的開胃酒女王，這一歡樂時刻在當代被稱作「綠色時間」（l'heure verte）。

近兩百年之後，佩諾苦艾酒仍以傳統方式飲用，如摩爾人（Mauresque）或番茄[23]；或是歷史悠久的雞尾酒，如賽澤瑞克；亦或當代雞尾酒，如綠巨人。

材料

- 30ml 佩諾苦艾酒
- 1 顆白方糖
- 120ml 清涼礦泉水

調製方法

用冰塊裝滿苦艾酒冰滴壺（大約使用前 15 分鐘），準備裝盛用的酒杯和苦艾酒匙。在酒杯中倒入 30ml 苦艾酒，並在苦艾酒匙放上一顆白方糖，而後把將酒杯放在冰滴壺的龍頭下面。輕輕轉開龍頭，讓水能一滴一滴地落在方糖上。糖水從湯匙孔槽滴落，浸潤苦艾酒，使它逐漸變得混濁。當方糖徹底溶解時，再把湯匙放進酒杯，加入冰水稀釋，即可上桌。

酒杯

佩里戈（Périgord）高腳杯

冰塊類型

不需要

裝飾物、妝點食材

不需要，附上 1 根苦艾酒匙以便將酒攪拌均勻。

雞尾酒品飲

這是款清爽的長飲料和清淡開胃酒，適合夏天清涼飲用。

備註 這個能在三五友人之間產生話題的調酒儀式，保證讓你喝得到一款最新潮和眾樂樂的開胃酒。

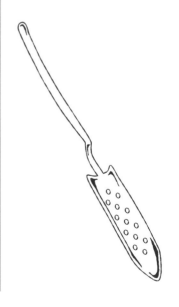

[23] 譯註：由於苦艾酒自十九世紀初遭禁，直到 90 年代才逐漸解禁，許多原含苦艾酒成分的酒譜因此改用茴香酒取代。

以苦艾酒作為基酒的其他款調酒

摩爾人 Mauresque

往一個矮平底杯內直接倒入 25ml
苦艾酒、1 抖振杏仁糖漿，加入
150ml 的清涼礦泉水稀釋，不加
冰塊且不需攪拌即可飲用。

番茄

在一個矮平底杯直接倒入 25ml
苦艾酒、1 抖振紅石榴糖漿，加
入 150ml 的清涼礦泉水稀釋，不
加冰塊且不需攪拌即可飲用。

鸚鵡 Perroquet

在一個矮平底杯直接倒入 25ml
苦艾酒、1 抖振薄荷糖漿，加入
150ml 的清涼礦泉水稀釋，不加
冰塊且不需攪拌即可飲用。

提醒：這些是標準份量（25ml 苦
艾酒、1 抖振糖漿）。至於水的
用量，最好詢問每個人的喜好，
因為有些人喜歡多一點或少一點
稀釋。當你沒有時間詢問時，在
端上飲料時，可以附上 1 小壺冰
涼的水。

香檳雞尾酒

起源

香檳雞尾酒的歷史始於 19 世紀中期的美國，它的起源不似其他多數的經典雞尾酒清楚。這份酒譜收錄於傑瑞・湯馬斯的著作《如何調製飲品》（*How To Mix Drinks*）或《享樂夥伴》（*The bon Vivant's Companion*），但成分沒有包含干邑白蘭地。1889 年，一位名為約翰・多爾蒂（John Dougherty）的酒保，在參加紐約一場雞尾酒比賽，把夏朗德著名的白蘭地納入配方中，並因此贏得冠軍。

材料

- 1 顆白或棕方糖
- 幾滴安格仕苦精
- 20ml 皮耶費朗 1840
- 適量冰鎮不甜（Brut）香檳。

調製方法

在一條小餐巾上放置一塊方糖，再滴入安格仕苦精，直到糖完全被浸潤。投入方糖至笛型杯中，倒入 20ml 白蘭地，而後緩緩注入冰鎮的不甜香檳。噴附檸檬或柳橙皮油，將皮捲投入杯中。不需攪拌即可端上桌。

酒杯

笛型香檳杯

冰塊類型

不需要

裝飾物、妝點食材

噴附未上蠟的檸檬或柳橙皮油，將皮捲放入酒杯。

雞尾酒品飲

適合餐前或是晚宴的不甜長飲。

阿方索雞尾酒
Alfonso Cocktail

起源

2016 年我從費爾南多・卡斯特倫的《拉魯斯雞尾酒大全》發現這款雞尾酒。這道長飲是為了西班牙國王阿方索三世所創。國王於多維爾[24]（Deauville）短暫逗留之後，在 1920 年代初，這款飲料便在法國和英國流行起來。

材料

- 1 顆白或棕方糖
- 幾滴安格仕苦精
- 30ml 多寶力
- 90ml 冰鎮不甜香檳

多寶力：用奎寧調製成的開胃葡萄酒，由約瑟夫・多寶力（Joseph Dubonnet，知名科學家）創造於 1848 年。

調製方法

在一條小餐巾上放置一塊方糖，滴入安格仕苦精，直到糖完全被浸潤。方糖投入至笛型杯中，倒入香檳和多寶力，而後緩緩用吧叉匙攪拌，小心不要觸碰方糖，就可以上桌。

酒杯

笛型香檳杯

冰塊類型

不需要

裝飾物、妝點食材

不需要

雞尾酒品飲

優雅、富含果香，大多數人都能接受的口味，適合餐前飲用。

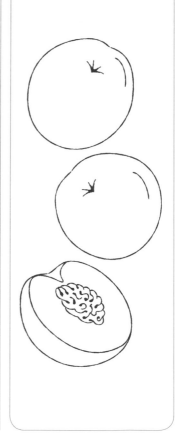

自製食譜

桃子果泥：使用當季桃子（參閱第 10-11 頁的水果產季）。除去果皮和果核，把水果放入果汁機中，1 顆蜜桃搭配 1 抖振的鮮榨檸檬汁，混合攪拌幾秒鐘後，就製成了冷凍果泥。這道果泥和貝里尼是絕配，在派對和旅館內是大受好評的一款季節長飲。

[24] 法國諾曼第靠海小鎮，距離巴黎兩小時，為著名度假勝地。

貝里尼 Bellini

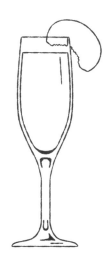

起源

1943 年，威尼斯哈利酒吧（Harry's Bar）的調酒師朱塞佩・奇普里亞尼（Giuseppe Cipriani）受到威尼斯畫家喬凡尼・貝里尼的畫作啟發，而創造了這款酒。

材料

- 50ml 自製蜜桃果泥
- 1 抖振墨萊特葡萄園蜜桃香甜酒（自選）
- 適量普羅賽克氣泡酒（Prosecco）或冰鎮不甜香檳

調製方法

在預先冰鎮的笛型杯內，直接倒入蜜桃果泥，補滿冰鎮不甜香檳，使用吧叉匙攪拌幾秒鐘，用 1 塊蜜桃角裝飾，立即供應飲用。

酒杯

笛型香檳杯

冰塊類型

不需要

裝飾物、妝點食材

新鮮蜜桃角

雞尾酒品飲

當它搭配好吃的新鮮蜜桃果泥時，是極美味的長飲。貝里尼隨時皆可飲用。在哈利酒吧裡，貝里尼是用雪克杯搖製並裝在高球杯裡。

變化版本

覆盆子貝里尼（使用覆盆子泥代替蜜桃）。

辛香型雞尾酒

● 血腥瑪麗 Bloody Mary　● 紅鯛魚 Red Snapper

血腥瑪麗

起源

據說這款絕妙的經典是由哈利的紐約酒吧調酒師弗南德・「皮特」・帕蒂奧（Fernand "Pete" Petiot），於 1921 年在巴黎哈利的紐約酒吧內發明。直到 2000 年代中期，莫希托浪潮席捲法國和歐洲之前，排名第一的雞尾酒非血腥瑪麗莫屬。某些雞尾酒歷史學家將它列為雞尾酒界最偉大發明的前 3 名。

儘管這款經典雞尾酒出自法國人之手，但血腥瑪麗卻非常受到英國人喜愛。當我服務於諾丁丘的克勒雷登酒吧時，我才真正完美調出這款雞尾酒。每個週六夜晚，我都必須先準備好一款混調的血腥瑪麗，也就是一種用伏特加調味的番茄果汁。上桌前會倒入已加進 1 匙紅酒的杯中，然後不加冰塊注入一個大壺裡，放陰涼處靜置整夜。這個提前的準備能確保隔天的早午餐時段，都能順利供應這款調酒。

材料

- 6 抖振伍斯特醬（英國調味醬）
- 3 抖振塔巴斯科辣椒醬
- 1 撮鹽
- 1 撮胡椒
- 15ml 鮮榨檸檬汁
- 60ml 維波羅瓦伏特加
- 適量番茄汁

當你需要供應一杯血腥瑪麗時，最好提出如下作法的建議：

- 微辣：1 吧匙伍斯特醬
- 普通辣：2 吧匙伍斯特醬
- 極辣：3 吧匙伍斯特醬

酒杯

高球杯

冰塊類型

用直調法時加入冰塊；用雪克杯搖盪冷卻則不加冰塊。

裝飾物、妝點食材

不需要

雞尾酒品飲

眾所周知，血腥瑪麗是一款提神醒腦的雞尾酒，也是理想長飲。它通常在近中午或傍晚時飲用。

在高球杯直調（哈利的紐約酒吧）

在酒杯中放入 3 至 4 顆方冰塊，接著加入伍斯特醬、塔巴斯科辣椒醬、鹽、胡椒、新鮮檸檬汁和伏特加。雙手握住高球杯，摩擦杯身並抓穩底部，使得酒杯中的材料混合均勻。當調飲混合均勻（呈現焦色），在酒杯內補滿優質的新鮮番茄汁。裝飾後上桌。

搖盪法

按照酒譜指示順序，在雪克杯上蓋倒入材料，用吧叉匙攪拌幾秒鐘。底杯加入方冰塊至三分之二滿，蓋緊兩個雪克杯，接著執行 slow shake，也就是慢速搖晃約 10 多秒，讓雞尾酒可以冷卻和混合，但不會產生乳化現象。

這種搖晃方式不算太優雅，但能夠調出一款清涼，並帶著濃稠醬料的完美血腥瑪麗。濾出冰塊，將酒液倒入一個不含冰塊的高球杯中。記得提前幾分鐘將酒杯於冷凍庫裡冰鎮。裝飾後即可上桌。

紅鯛魚

起源

紅鯛魚是一款用琴酒取代伏特加的血腥瑪麗。1930 年代中期，費爾南德·皮特去美國擔任紐約聖瑞吉酒店 (Saint Regis Hotel) 的首席調酒師時，想出了這款酒。皮特希望在那裡推廣血腥瑪麗，但是伏特加在當時尚未引進美國。於是他用琴酒取代了伏特加，命名為紅鯛魚。倫敦 Soho 區玩家（The Player）酒吧中的紅鯛魚，是我喝過最好喝的一款。我以前經常在休假日造訪酒吧，某天晚上經理跟我透露了他的配方。

材料

- 50ml 普利茅斯琴酒
- 1 抖振鮮榨檸檬汁
- 1 撮鹽
- 1 撮胡椒
- 4 至 5 滴塔巴斯科辣椒醬
- 2 吧匙英國伍斯特醬
- 5ml 安德森波特紅酒
- 120ml 新鮮番茄汁

調製方法

緩慢搖盪

酒杯

冰鎮的高球杯

冰塊類型

不需要

裝飾物、妝點食材

將 3 片小黃瓜圓切片，插在 1 根牙籤上；附上 1 根吸管。也可以用展開略呈扇形的西洋芹裝飾。

雞尾酒品飲

這款雞尾酒比血腥瑪麗的香氣更濃郁，相對於伏特加，琴酒帶來微微的苦味，與調味的番茄汁是天作之合。最後，1 匙的波特紅酒添加了微妙的圓潤口感。非試不可。

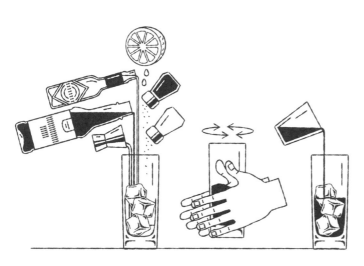

1 在高球杯直調（哈利的紐約酒吧）

2 搖盪法

開胃雞尾酒之一

● 坦比科 Tampico ● 美國佬 Americano ● 內格羅尼 Negroni ● 邁卡 Macca

坦比科 Tampico

起源

坦比科是由魯道夫‧斯拉維克（Rudolf Slavik）於 1960 年代在喬治四世[25]酒店發明的。以下酒譜出自米歇爾‧卡伊霍爾（Michel Cailhol）的著作：《酒吧和調酒實作》（Pratique du bar et des cocktails）。

材料

- 20ml 天然鮮榨檸檬汁
- 30ml 金巴利苦酒
- 20ml 君度橙酒
- 適量通寧水（舒味思頂級系列）

調製方法

在高球杯中裝滿冰塊，倒入檸檬汁、金巴利苦酒和君度橙酒。攪拌均勻，補滿通寧水。

酒杯

高球杯

冰塊類型

方冰塊

裝飾物、妝點食材

不需要，附上 1 個攪拌棒。

雞尾酒品飲（依據米歇爾‧卡伊霍爾）

苦味與甜味的完美搭配，成就了一款非常生津解渴的雞尾酒。

美國佬 Americano ♥

起源

使用米蘭金巴利搭配杜林香艾酒，調製成名為「米蘭─杜林」的雞尾酒，源自 1860 年代的義大利。最早的調酒酒譜並不包含蘇打水。1919 年，為了向特別喜歡金巴利苦酒的美國遊客致敬，它更名為美國佬（Americano）。我在倫敦梅費爾區的多徹斯特飯店（The Dorchester Hotel）酒吧，與一位義大利調酒師斯特凡諾‧科西奧（Stefano Cossio）發現了這個酒譜。

材料

- 35ml 金巴利苦酒
- 35ml 義大利坎帕諾安堤卡（甜）香艾酒
- 35ml 蘇打水（氣泡水）

調製方法

直調法

酒杯

預先冰鎮的古典杯

冰塊類型

方冰塊

裝飾物、妝點食材

半片柳橙、半片檸檬，附上 1 支小湯匙。

雞尾酒品飲

一杯好喝的美國佬是甜和苦之間的完美平衡。自從 2008 年發現這款酒後，我就愛上它了。坎帕諾（Carpano）是香艾酒的代表，尤其是對義大利人而言。但你也可以用另外同樣好喝的紅苦艾酒品牌（魯坦、馬丁尼、多林……）代替它。美國佬可以不加蘇打水飲用。最後，如果你喜歡更甜或更苦的雞尾酒，可以自行調整加入的比例……這款雞尾酒最好在調製前先詢問對方的口味。

♥：約恩的最愛

[25] 亦有一說為喬治五世酒店。

邁卡 Macca

起源

我在米歇爾·卡伊霍爾（Michel Cailhol）的《酒吧和調酒實作》一書中，發現了這道酒譜。這個長飲雞尾酒的拼寫隨著書籍而有差異：在哈利·麥克艾爾馮（Harry MacElhone）的著作《雞尾酒混調 ABC》（ABC of Mixing Cocktails）拼為 Makka（使用金巴利代替黑醋栗香甜酒）；在《拉魯斯雞尾酒大全》拼為 Macka。根據費爾南多·卡斯特倫的說法，這款長飲是 1930 年代發明於聖讓德呂[26]（Saint-Jean-de-Luz）。

材料

- 10ml 吉法黑醋栗香甜酒（北勃根第黑醋栗）
- 20ml 魯坦不甜香艾酒
- 20ml 魯坦紅香艾酒
- 20ml 絲塔朵琴酒（法國琴酒）
- 適量蘇打水（氣泡水）

調製方法

在放滿冰塊的高球杯內，倒入黑醋栗香甜酒、不甜香艾酒、紅香艾酒和琴酒。攪拌，補滿蘇打水。裝飾後即可上桌。

酒杯

高球杯

冰塊類型

方冰塊

裝飾物、妝點食材

未上蠟檸檬噴附皮油後丟棄，並附上 1 支攪拌棒。

雞尾酒品飲

在業內負盛名而鮮為大眾所知的一款經典長飲，它是解渴開胃雞尾酒愛好者的另種選擇。與坦比科和美國佬相反，邁卡比較不苦，因為黑醋栗添加了甜度。

內格羅尼 Negroni

起源

內格羅尼是專為卡米洛·內格羅尼伯爵所創作，他經常光臨佛羅倫薩的卡索尼（Casoni）酒吧。據傳，他習慣喝美國佬的時候，以琴酒替代蘇打水。約 10 年前，這款開胃短飲再度邁向顛峰。近來它名列為全世界最熱銷的前 3 名經典雞尾酒。2009 年，我在倫敦與我的朋友約安·拉扎雷斯一起改良了調製內格羅尼的專門技術，即古巴滾動法（參見第五課雞尾酒調製技法）。我們把內格羅尼酒收進酒單中，這是一款我們時常為喜歡這種酷炫服務的義大利客戶和友人們調製的雞尾酒！

材料

- 25ml 金巴利苦酒
- 25ml 魯坦甜香艾酒
- 25ml 英人牌倫敦辛辣琴酒

調製方法

直調法或攪拌法

酒杯

古典杯

冰塊類型

方冰塊或是球型冰塊

裝飾物、妝點食材

噴附柳橙皮油，皮捲投入酒杯，或是用半片柳橙作裝飾。

雞尾酒品飲

不甜、帶苦味、強勁有力，內格羅尼是雞尾酒的貴族士紳。以口感來說，內格羅尼毫無疑問是我嚐過最好喝的經典雞尾酒。這個技法能帶來清爽、更濃的苦味和較少的稀釋度，飲用時一定要放入一顆小的球型冰塊，你可以用冰塊模具製作。

經典的雞尾酒必須與時俱進，內格羅尼就是一個很好的例子。在不改變經典酒譜成分的情況下，無論是變化調製技法、亦或所選用材料的質感和新鮮度，總是能夠讓它的美味持續登峰造極。

第二十二課與第二十四課 **練習題**

練習一 測驗你的雞尾酒文化知識

1 血腥瑪麗是在哪間酒吧被發明？
○ 古董收藏家酒吧　　　　　○ 論壇酒吧　　　　　○ 哈利的紐約酒吧

2 紅鯛魚是在哪個國家被發明的？
○ 在英國　　　　　○ 在法國　　　　　○ 在美國

3 坦比科是在哪間酒店的酒吧被發明的？
○ 在喬治五世飯店　　　　　○ 在麗茲飯店　　　　　○ 在馬丁內斯飯店

練習二 訓練自己！

這個實作練習的目標是讓你調製出幾款血腥瑪麗，從微辣到極辣，找出你喜歡的口味，然後使用不同的酒調出變化版本。

1 極辛辣或微辣的血腥瑪麗調製方法：使用高球杯的直調法（放入 3 至 4 顆方冰塊）或是搖盪法（裝在冰鎮的高球杯、不加入冰塊）。
材料：
- 1、2 或 3 吧匙伍斯特醬（5ml、10ml 或 15ml）
- 幾滴塔巴斯科辣椒醬
- 1 撮鹽
- 1 撮胡椒
- 15ml 鮮榨檸檬汁
- 60ml 維波羅瓦伏特加
- 適量優質的新鮮番茄汁

裝飾物、妝點食材：自選，視需要可以用新鮮小黃瓜或西洋芹。

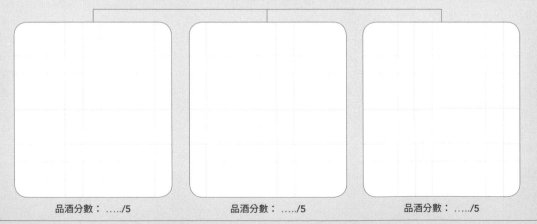

微辣的血腥瑪麗	辛辣的血腥瑪麗	極辛辣的血腥瑪麗
加入 5ml 伍斯特醬	加入 10ml 伍斯特醬	加入 15ml 伍斯特醬

你的印象

品酒分數：……/5　　　　　品酒分數：……/5　　　　　品酒分數：……/5

❷ 搭配其他基酒的血腥瑪麗

當你熟練血腥瑪麗的調製後，就可以嘗試搭配其他烈酒（琴酒、阿夸維特、白龍舌蘭、古巴蘭姆酒⋯⋯），探索這款經典雞尾酒的各種潛力。

試作一號酒	試作二號酒	試作三號酒

你的印象

品酒分數：⋯⋯/5	品酒分數：⋯⋯/5	品酒分數：⋯⋯/5

開胃雞尾酒之二

● 阿多尼斯 Adonis　● 竹子 Bamboo　● 雞尾酒俱樂部一號 Club Cocktail Nº 1
● 玫瑰 Rose　● 翻雲覆雨 Hanky Panky

這課介紹的雞尾酒皆用攪拌法調製（參見第五課）。

阿多尼斯

起源
誕生於 1886 年，為慶祝百老匯同名音樂劇。

材料
• 50ml 不甜菲諾（Fino）雪莉酒
• 30ml 魯坦紅香艾酒
• 1 滴蘇茲柑橘苦精

調製方法
攪拌法

酒杯
小馬丁尼杯

冰塊類型
不需要

裝飾物、妝點食材
噴附柳橙皮油，皮捲投入酒杯。

雞尾酒品飲
阿多尼斯是一道開胃短飲，它的獨特之處是其酒精濃度很低，即 15% 的菲諾雪莉酒和 18% 的苦艾酒。是一款介於甜潤與乾澀之間的雞尾酒，紅苦艾酒的紅色果香味，與雪莉酒的爽口和酸味完美契合。

竹子

起源
這款雞尾酒出自 20 世紀初日本橫濱格蘭酒店（Grand Hotel）的首席調酒師路易斯・艾平格（Louis Eppinger）之手。它的酒譜記載於日本調酒界的傳奇人物——上田和男的《雞尾酒技法全書》中。

材料
• 75ml 菲諾雪莉酒
• 25ml 魯坦不甜香艾酒

調製方法
攪拌法

酒杯
小馬丁尼杯

冰塊類型
不需要

裝飾物、妝點食材
未上蠟檸檬噴附皮油，然後丟棄，視需要可以拿 1 條檸檬皮裝飾。

雞尾酒品飲
這是低酒精濃度的開胃短飲，15% 的菲諾雪莉酒加上 16.9% 的魯坦不甜苦艾酒，竹子比起阿多尼斯更不甜。

成功的雞尾酒主要取決於材料的儲放及其品質的維護。由於苦艾酒和雪利酒必須在非常冰涼（8°C）溫度下飲用，因此絕對要將它們存放在冰箱。

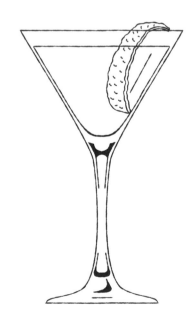

區別不同種類的酒

雪莉酒

赫雷斯酒（Xérès），也稱作 Jerez 或雪莉酒（Shelly），是一種產自安達盧西亞西部的西班牙葡萄酒，該地是一個以赫雷斯 - 德拉弗龍特拉（Jerez de la Frontera）、桑盧卡爾 - 德巴拉梅達（Sanlúcar de Barrameda）和聖瑪麗亞港為界所圍成的雪莉三角區。雪莉酒由 3 種葡萄品種釀製而成：帕羅米諾（Palomino）、佩德羅・希梅內斯（Pedro Ximénez）和麝香葡萄（Moscatel）

雪莉酒還可分為兩個大家族：

❶ 菲諾雪莉和曼薩尼亞雪莉（Manzanilla）是在一層酒花（Flor）之下陳釀 3 至 4 年，酒液放在表面與空氣接觸的酒桶中，隨著陳放的時間，葡萄酒會產生一層含有酵母的白色菌膜：酒花（西班牙文為 Flor，法文為 Fleur）。菲諾雪莉和曼薩尼亞雪莉都是年輕的雪莉酒，非常適合用來調製雞尾酒。它們以具新鮮杏仁和青蘋果的味道為特色，釀造出的酒精濃度為 15%。

❷ 奧羅索（Oloroso）是色澤最豐富的雪莉酒。它們加烈後的酒精為 17%，高於酒花能生存的濃度。這種葡萄酒隨著時間推移，變得更濃郁密實（色澤、香氣和味道）。它們以巧克力、菸草等香氣為特點……最後一點，阿蒙提亞多（Amontillado）是一款近似菲諾，但香氣更為複雜的雪莉酒。最陳年的雪莉酒是採用索雷拉（Solera）的方法釀造而成，一種混合不同年分的各種雪莉酒的古老作法，其原則是讓最陳年的酒來「教育」新酒。雪莉酒的法文為 Xérès，西班牙文為 Jerez，英文為 Sherry。國際上最通用的名稱為 Sherry。

加烈葡萄酒 Vin Muté

加烈酒或強化酒是一種添加了中性酒精來增加其酒精濃度的葡萄酒。這種改良葡萄酒的想法源於 17 世紀，當英國人和和荷蘭人想要引進第一批葡萄酒桶的時候，他們發現葡萄酒在航行時會腐壞，加烈酒於焉誕生（波特酒、雪莉酒、馬德拉酒等）。

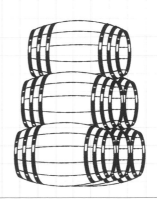

雞尾酒俱樂部一號

起源

我在大衛·恩伯里的著作《調酒的藝術》中，發現了這款美妙的酒譜。根據恩伯里的說法，雞尾酒俱樂部的數量就跟俱樂部一樣多！這款酒譜未被列為經典，但卻是我在這章節最愛的酒譜之一。這種雞尾酒比看起來容易上手得多了，請向你的葡萄酒商詢問有關茶色波特酒和菲諾雪利酒的建議，這兩種加烈酒必須存放於陰涼處，以便在開封後能保留其風味。

材料

- 45ml 安德森茶色波特酒
- 45ml 菲諾不甜雪莉酒
- 1 滴蘇茲柑橘苦精

調製方法

攪拌法

酒杯

小馬丁尼杯

冰塊類型

不需要

裝飾物、妝點食材

不需要

雞尾酒品飲

這款雞尾酒的梅子色澤無比賞心悅目，聞起來有紅色水果的香氣，如紅醋栗和葡萄藤香。而雞尾酒的口感清爽並充滿果香，以悠長並帶有芳香的尾韻為特色。

玫瑰

起源

玫瑰的起源不可考，應該是在 20 世紀初於巴黎的查丹（Chatam）酒吧被發明。儘管調酒的歷史學家一致認為這是一款經典的法式雞尾酒，但我卻從未在不同的書中找到一模一樣的配方！這是一款老派的雞尾酒，如果使用合適的產品製成，會非常美味。我忍不住想分享米歇爾·卡伊霍爾（Michel Cailhol）《酒吧和調酒實作》一書的酒譜。

材料

- 40ml 魯坦不甜香艾酒
- 15ml 墨萊特兄弟 Soeurs Cerises 櫻桃白蘭地
- 15ml 富傑羅櫻桃酒（Kirsh de Fougerolles）AOC

調製方法

攪拌法

酒杯

小馬丁尼杯

冰塊類型

不需要

裝飾物、妝點食材

酒漬櫻桃

雞尾酒品飲

這是一款酒精濃度適中的短飲，非常適合作為開胃酒，上餐時請搭配優質烈酒和保持冰涼飲用。

翻雲覆雨

起源

翻雲覆雨出自 20 世紀初倫敦薩沃伊酒店的首席美國調酒師艾達·科爾曼（Ada Coleman）之手。2010 年，我在里昂與馬克·博內頓（Marc Bonneton）於他創立的古董收藏家（Antiquaire）酒吧開幕會上，第一次品嚐這款配方。古董收藏家是一家經典的里昂雞尾酒吧，它已經是法國和國際上的指標酒吧。

材料

- 35ml 英人牌琴酒
- 35ml 魯坦不甜香艾酒
- 5ml 菲奈特布蘭卡利口酒

調製方法

攪拌法

酒杯

小馬丁尼杯

冰塊類型

不需要

裝飾物、妝點食材

柳橙噴附皮油後，皮捲放入杯中。

雞尾酒品飲

開胃的短飲極品，這款被遺忘的經典雞尾酒近年來在國際舞台捲土重來，這要歸功於越來越受調酒師歡迎的義大利菲奈特布蘭卡利口酒。

區別不同種類的酒

波特酒 Porto

波特酒是一種加烈酒，得名葡萄牙的城市波爾圖（Porto）。它產自劃定的杜羅地區，距波爾圖 100 公里。波特酒根據陳釀的方式，分為兩類：
- 紅寶石波特酒（Porto Ruby）是一種紅寶石色的葡萄酒，它是一種經過稍微陳釀的紅色波特酒。這是最年輕的波特酒，以口味而言，它們非常具活力和果香味道，適合用來製作某些雞尾酒。
- 茶色波特酒（Porto Tawny）是顏色比紅寶石更為金黃的葡萄酒。它由不同熟成的葡萄酒混調而成，口味上比紅寶石波特酒較為複雜。適合用於調製某些雞尾酒，並明顯地影響調酒的顏色和味道，如咖啡雞尾酒或雞尾酒俱樂部一號。最後，白波特酒由白葡萄釀製，並根據陳釀時間和含糖量呈現多樣的風格。它根據以下的說明進行分類：
- 特乾（Extra-sec）：含糖量每公升少於 20 克。
- 乾型（Sec）：含糖量每公升 20 克至 40 克。
- 半甜（Mi-doux）：含糖量每公升 60 克至 100 克。
- 甜（Doux）：含糖量每公升多於 100 克。

櫻桃白蘭地 Cherry Brandy

櫻桃白蘭地是一種古老的櫻桃利口酒，是玫瑰、血與沙或萊佛士新加坡司令等雞尾酒的重要成分。具指標的品牌是來自丹麥的彼得希琳（Peter Heering）家族。2015 年，墨萊特家族企業推出一款櫻桃白蘭地「Soeurs Cerises」（櫻桃姐妹），重新演繹這一偉大的經典。

這款利口酒結合了不同的傳統釀造工藝：在高濃度酒精冷漬萃取的櫻桃浸泡酒，兌入櫻桃蒸餾酒所配製成的利口酒。最後一點，加入的年輕白蘭地增添了活力和複雜口感。這款櫻桃白蘭地是希琳利口酒的絕佳替代選項，再加上這是款優質的法國產品，當然不容我們錯過囉！

菲奈特布蘭卡 Fernet Branca

一款歷史非常悠久的義大利餐前酒和餐後酒，它由瑞典醫生菲奈特博士所發明。這位植物專家在他米蘭的實驗室中調出完美的配方之後，於 1845 年把酒推向市場。菲奈特布蘭卡是世界上最著名的苦味利口酒，它是依據一道含有約 40 種植物成分的祕密配方所製成，調和後在大酒桶中窖藏 1 年。它可以直飲或調成雞尾酒飲用，這是最助消化的利口酒！

開胃雞尾酒之三

● 馬丁尼茲　● 大總統　● 曼哈頓　● 布魯克林
● 路易斯安那　● RAC 雞尾酒　● 高速砲彈　● 花花公子

馬丁尼茲 Martinez

起源

馬丁尼茲是一款受遺忘的經典雞尾酒，在過去 10 年間又重新現身。它的起源不明確，某些調酒歷史學家將它描述為曼哈頓的變化版本，而其他人則認為它是馬丁尼的前身。2008 年，我在倫敦的多爾切斯特（Dorcester）酒店的酒吧發現了這款經典酒譜，他們用自己的老湯姆琴酒來製作這款古老的經典！

材料

馬丁尼茲經典版

- 50ml 魯坦紅香艾酒
- 25ml 絲塔朵老湯姆琴酒（法國琴酒）
- 2 抖振露薩朵（Luxardo）瑪拉斯奇諾黑櫻桃利口酒
- 2 滴蘇茲柑橘苦精

馬丁尼茲變化版

- 50ml 絲塔朵老湯姆琴酒
- 25ml 魯坦紅香艾酒
- 2 滴蘇茲柑橘苦精
- 2 抖振露薩朵瑪拉斯奇諾黑櫻桃利口酒

調製方法

攪拌法

酒杯

小馬丁尼杯

冰塊類型

不需要

裝飾物、妝點食材

噴附檸檬皮油，然後用小酒針將皮捲固定於杯緣；酒漬櫻桃。

雞尾酒品飲

經典款相當的溫潤卻不會甜膩，很適合當開胃酒，雖然是老派配方，但這個版本非常容易接受。至於變化版本，它比較不甜，香氣濃郁，復古的雞尾酒迷會很喜歡。

大總統 El Presidente

起源

自 1920 年代以來，大總統的酒譜被收進許多著作中。它應該是為了致敬古巴總統——馬里奧·加西亞·梅諾卡爾（Mario García Menocal）的到訪，在維斯塔阿勒格雷（Vista Alegre）酒吧首次被調製。這款調酒有好幾個酒譜版本。我發現的第一個版本，是瑪麗安·貝克在 2008 年於倫敦諾丁山蒙哥馬利廣場調製的。這道酒譜包含陳年古巴蘭姆酒、紅香艾酒和庫拉索橙皮酒。2011 年，當我去哈瓦那的佛羅蒂姐酒吧時，我喝到類似的配方，但使用的是白香艾酒而不是紅香艾酒。隨著時間的演變，我調整了這款經典雞尾酒的配方比例。以下是我的版本。

材料

- 45ml 哈瓦那俱樂部 7 年蘭姆酒
- 35ml 魯坦香艾酒（香貝里白葡萄）
- 5ml 皮耶費朗干邑（庫拉索）橙酒

調製方法

古巴滾動法

酒杯

小碟型香檳杯

冰塊類型

不需要

裝飾物、妝點食材

噴附柳橙皮油，皮捲投入酒杯。

雞尾酒品飲

適合餐前或餐後飲用。要調製越不甜（dry）的雞尾酒，就必須逐漸加入越多的陳年蘭姆酒，同時降低白香艾酒的比例。

曼哈頓 Manhattan

起源

曼哈頓的歷史並不明確。這款經典雞尾酒是在 1860 至 1890 年代——雞尾酒的首個黃金時代於美國出現。儘管最初曼哈頓含有瑪拉斯奇諾黑櫻桃利口酒或是庫拉索橙皮酒（就像當時所有的雞尾酒一樣），但它的配方從一個多世紀以來從未改變。

經典的曼哈頓含有 3 種材料：裸麥威士忌、紅香艾酒、安格仕苦精。依據地區的不同，它以瑪拉斯奇諾櫻桃或是一般酒漬櫻桃裝飾。在法國，這款雞尾酒長久以來都是使用加拿大威士忌調製，這是法國市場上所銷售的唯一一種含有黑麥的威士忌。

約在 2000 年代末期，由於裸麥威士忌在國際市場的短缺，大幅促進了這款偉大經典雞尾酒以各種面貌重新崛起。自從 2010 年以來，市場上推出或重新推出的裸麥威士忌和特釀（cuvée spéciale）的苦艾酒款不計其數。這款最著名、以威士忌為基酒的調酒絕對是幕後推手。

材料

- 50ml 裸麥威士忌
- 25ml 義大利安堤卡（甜）香艾酒
- 2-3 抖振安格仕苦精

我建議的裸麥威士忌：

- 利登 100 Proof 裸麥威士忌
- 賽澤瑞克裸麥威士忌

- 屋頂裸麥（Roof Rye Whisky，在法國蒸餾、陳釀、裝瓶）

提醒：曼哈頓通常是加入波本威士忌調製。

調製方法

攪拌法

酒杯

小馬丁尼杯

冰塊類型

不需要

裝飾物、妝點食材

瑪拉斯奇諾櫻桃或其他酒漬櫻桃。

雞尾酒品飲

你將感受到這杯不甜且帶有芳香雞尾酒的精髓。

調飲變化

完美曼哈頓 Perfect Manhattan：裸麥威士忌、比例相等的香艾酒和紅香艾酒、安格仕苦精。
不甜曼哈頓 Dry Manhattan：裸麥威士忌、不甜香艾酒、安格仕苦精。
羅伯洛伊 Rob Roy：蘇格蘭威士忌、紅香艾酒、安格仕苦精。
帕蒂 Paddy：愛爾蘭帕蒂威士忌、紅香艾酒、安格仕苦精。
星星 Star：卡爾瓦多斯蘋果白蘭地、紅香艾酒、安格仕苦精。
古巴曼哈頓 Cuban Manhattan：古巴陳年蘭姆酒、紅香艾酒、安格仕苦精。

路易斯安那
De La Louisiane

起源

史丹利·克斯比·亞瑟（Stanley Clisby Arthur）在 1937 年發明這款調酒，這是一款在紐奧良非常知名的雞尾酒。自十多年以來，多虧了研究源自紐奧良雞尾酒和混調飲料的調酒師們，這款雞尾酒得以經典酒譜問世。在法國巴黎的巴頓魯治（Baton Rouge，法文為紅色棍棒之意）酒吧就是最好的例子。

材料

- 60ml 裸麥威士忌
- 12.5ml 魯坦紅香艾酒
- 12.5ml 班尼迪克丁
- 3 抖振佩諾苦艾酒
- 3 抖振裴喬氏苦精

調製方法

攪拌法

酒杯

小碟型香檳杯

冰塊類型

不需要

裝飾物、妝點食材

用酒籤串起酒漬櫻桃以裝飾。

雞尾酒品飲

適合喜愛不甜且芳香型雞尾酒的人。

RAC 雞尾酒

起源

1914 年由弗雷德·弗拉克（Fred Fraeck）在倫敦皇家汽車俱樂部（俱樂部至今還在）發明。這款雞尾酒是一道經典，常見於英國的地下酒吧。

材料

- 50ml 坦奎利 10 號琴酒
- 15ml 魯坦不甜香艾酒
- 15ml 魯坦紅香艾酒
- 5ml 自製紅石榴糖漿
- 2 滴蘇茲柑橘苦精

調製方法

攪拌法

酒杯

碟型香檳杯

冰塊類型

不需要

裝飾物、妝點食材

柳橙噴附皮油，丟棄皮捲；酒漬櫻桃。

雞尾酒品飲

適合餐前飲用的短飲，味道接近經典的不甜馬丁尼，紅色水果的細微香氣與蘇茲利口酒的苦味相互平衡。

高速砲彈 Whiz-Bang

起源

這是另一款經典的英式雞尾酒，1920 年由湯米伯頓（Tommy Burton）在倫敦體育俱樂部（Sport's Club）發明。2009 年，我在倫斯敦（Lonsdale）酒吧發現了這份酒譜。

材料

- 40ml 蘇格蘭威士忌（百齡罈 12 年調和威士忌）
- 20ml 魯坦不甜香艾酒
- 5ml 自製紅石榴糖漿
- 3 抖振佩諾苦艾酒
- 2 滴蘇茲柑橘苦精

調製方法

攪拌法

酒杯

碟型香檳杯

冰塊類型

不需要

裝飾物、妝點食材

不需要

雞尾酒品飲

這款餐前短飲不甜、香氣濃郁並帶苦味。一丁點的紅石榴糖漿讓這款雞尾酒變得溫和。

花花公子 Boulevardier

起源

1920 年代發明於巴黎哈利的紐約酒吧，這款受遺忘的調酒不如內格羅尼一樣受歡迎，但是花花公子是一款讓潮流愛好者垂涎三尺的開胃雞尾酒！自從雞尾酒界吹起復古風，這款 10 年前仍鮮為人知的花花公子，已經在最頂級的酒吧中占據了一席之地。

材料

- 50ml 渥福精選波本威士忌
- 15ml 魯坦紅香艾酒
- 15ml 金巴利

調製方法

攪拌法

酒杯

小碟型香檳杯

冰塊類型

不需要

裝飾物、妝點食材

柳橙噴附皮油，皮捲投入酒杯；瑪拉斯奇諾櫻桃或其他酒漬櫻桃。

雞尾酒品飲

適合餐前品飲的雞尾酒，不甜、溫和、帶苦和辛香味，花花公子是一款複雜的短飲，它吸引那些喜愛強烈和香氣雞尾酒的饕客。

布魯克林 Brooklyn

起源

這款雞尾酒的起源不明。這道配方相當久遠，早在 1908 年就收錄進亞伯拉罕·葛洛豪斯寇（Jacob Abraham Grohusko）所撰寫的《傑克手冊》（Jack's Manual）一書。這酒譜應該是從紐約的聖喬治（Saint Georges）飯店的酒吧開始風行。從 2000 年代中期開始，重新供應在布魯克林的酒單上。2008 年我在倫敦 Soho 區的桑德森旅館酒吧中發現了這份酒譜。

材料

- 60ml 裸麥威士忌
- 12.5ml 露薩朵瑪拉斯奇諾黑櫻桃利口酒
- 12.5ml 魯坦不甜香艾酒
- 5ml 皮康橙香開胃酒

調製方法

攪拌法

酒杯

小馬丁尼杯

冰塊類型

不需要

裝飾物、妝點食材

不需要

實用知識：你可以使用一套量匙來準確量取 12.5ml，可以在任何一家齊全的廚房用品店找到，它由 5 支小湯匙組成：

- 1 大匙 = 15ml
- 1 茶匙（吧匙）= 5ml
- 1/2 茶匙 = 2.5ml
- 1/4 茶匙 = 1.25ml
- 1/8 茶匙 =0.625ml

如果你沒有這些小湯匙，可以用你的吧叉匙測量，它等於 5ml。要倒入 12.5ml 的液體，請計算成 2 又 1/2 匙。

雞尾酒品飲

多麼令人驚奇的雞尾酒！布魯克林可以說是同一系列中最棒的開胃雞尾酒之一。

它啟發了無數的當代酒譜，例如格林波特（Greenpoint）或是本森赫斯特（Bensonhurst）。

異國風情雞尾酒

● **蘭姆酒** ● **糖** ● **檸檬**

● **坎嗆恰辣 Canchanchara** ● **卡琵莉亞 Caïpirinha** ● **小潘趣 Ti Punch**
● **德瑞克的莫希托 Drake's mojito**

坎嗆恰辣（直調法）

起源

坎嗆恰辣是在 1869 至 1878 年的戰爭期間，由古巴獨立游擊隊士兵 Mambises 所發明。雖然這款典型的古巴雞尾酒被收錄在某些書中，但尚未被公認為經典，但我相信它將成為經典。

材料

• 50ml 哈瓦那俱樂部 7 年蘭姆酒
• 1/2 顆萊姆切丁
• 2 匙液態蜂蜜

調製方法

在酒杯中倒入萊姆和蜂蜜，用搗棒壓碎，倒滿冰塊，加入古巴陳年蘭姆酒，使用吧叉匙攪拌幾秒鐘，裝飾後即可上桌。

酒杯

古典杯

冰塊類型

手敲冰

裝飾物、妝點食材

不需要，附上 1 支湯匙和 1 根吸管。

雞尾酒品飲

使用直調法製作的坎嗆恰辣比用雪克杯搖盪的香氣更濃郁，更清涼，也較不濃烈。另外可以嘗試哈瓦那坎嗆（Havana Cancha），這是 2017 年佩諾在法國為了推出這款雞尾酒，而創造的坎嗆恰辣長飲版本。是一款以直調法調製，並加入氣泡水的坎嗆恰辣。

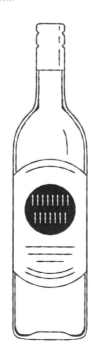

坎嗆恰辣（搖盪法）

在電影《瓶中古巴》（*Cuba in a Bottle*）發掘的技法。

材料

• 50ml 哈瓦那俱樂部 7 年蘭姆酒
• 15ml 鮮榨萊姆汁
• 15ml 液態蜂蜜

調製方法

倒入蜂蜜和萊姆汁一起攪拌，稀釋蜂蜜，再加入蘭姆酒。在雪克杯中加入方冰塊至三分之二滿，蓋緊上下蓋，搖晃直到雪克杯外層杯壁結水珠，濾掉冰塊並使用細密濾網雙重過濾，倒入裝滿冰塊的古典杯中。裝飾後即可上桌。

裝飾物、妝點食材

萊姆噴附皮油後，皮捲放入酒杯。

調飲變化

航空郵件（Airmail）：你喜歡搖盪法調製的坎嗆恰辣嗎？那你絕對會喜歡航空郵件雞尾酒，裝盛在笛型香檳杯，最後補滿冰涼的不甜香檳即可：

• 50ml 哈瓦那俱樂部 7 年蘭姆酒
• 15ml 蜂蜜
• 15ml 鮮榨萊姆汁
• 冰鎮不甜香檳

小潘趣 Ti Punch

起源

小潘趣是來自法屬安的
列斯群島的酒飲。

調飲變化

用陳年蘭姆取代白蘭姆
酒,就可以調出一杯更
溫潤的老潘趣短飲。

材料

- 1 至 2 個優質萊姆角
- 1 吧匙蔗糖漿(白糖或棕糖)
- 50ml 農業型白蘭姆酒(濃度至少 50%)

調製方法

在酒杯中倒入甘蔗液糖,擠 1
或 2 個檸檬角,加入農業型
白蘭姆酒,使用吧叉匙攪拌
幾秒鐘,裝飾後即可端上。

酒杯

古典杯或小潘趣杯

冰塊類型

不需要

裝飾物、妝點食材

不需要,附上 1 支湯匙和 1
根吸管。

雞尾酒品飲

小潘趣是一款帶有花卉和草本風味的短飲。它隨時皆可飲用。這是唯一在室溫下供應的經典雞
尾酒。在馬丁尼克島,小潘趣屬於當地文化之一……可以加冰塊飲用(參見第十九課四維索雞
尾酒)。

卡琵莉亞 Caïpirinha

起源

卡琵莉亞是巴西的國民飲料。卡沙夏（Cachaça）是一種產自巴西的甘蔗蒸餾酒，多虧了吉法酒廠在 1990 年代將它引進法國，並在市面推出了第一款卡沙夏甘蔗酒（朵奇諾 Thoquino）。這款調飲在 2000 年代紅透半邊天，並將卡沙夏引進歐洲市場。

調飲變化

如果手邊沒有卡沙夏，那麼你可以調製一杯卡碧羅斯加（Caïpiroska）：這裡指的是用伏特加代替卡沙夏，變成一杯口感適中的短飲。

材料

- 50ml 普拉亞尼亞（Praianinha）卡沙夏
- 1/2 顆萊姆切丁
- 2 吧匙白糖或棕糖（依據個人喜好）

調製方法

在酒杯中放入糖和萊姆，用搗棒一起搗壓出汁，以便溶解砂糖。加入卡沙夏，倒滿碎冰，用吧叉匙攪拌一下，再補滿一次碎冰，裝飾後即可上桌。卡琵莉亞也能夠以搖盪法調製。用搖盪法的話，則是在雪克杯上蓋將萊姆和砂糖一起搗壓，再加入卡沙夏搖盪，然後使用隔冰器濾冰，酒液倒入裝滿碎冰或是手鑿冰的古典杯，裝飾後即可上桌。

酒杯

古典杯

冰塊類型

碎冰或手鑿冰

裝飾物、妝點食材

以 1 個萊姆角裝飾，附上 2 根吸管、1 支小湯匙或 1 支搗棒。

雞尾酒品飲

當它搖製得宜時，這款經典無比優秀，它是清涼爽口的短飲，隨時皆可飲用。

德瑞克的莫希托 Drake's Mojito

起源

莫希托的前身應該是 1586 年由理查‧德瑞克（Richard Drake）、法蘭西斯‧德瑞克（Francis Drake）船長的下屬在哈瓦那所發明。這個酒譜以德瑞克之名為人所知。在當時，人們使用 Aguardiente 這一詞稱呼甘蔗蒸餾烈酒。這款調酒由甘蔗蒸餾烈酒、薄荷、糖、萊姆和水組成，附上一支木湯匙飲用。在 1800 年代初期，在美國出現了一種名為朱莉普的飲料，更準確地說做薄荷朱莉普，一種在炎熱天氣下飲用的清涼解渴飲料。它的成分包含波本威士忌、新鮮薄荷、糖，以及碎冰或是手鑿冰。隨後，這款調飲催生了一整個系列的調飲，即朱莉普。當禁酒令在美國盛行時（1919-1933 年），大批美國人湧向加勒比地區最大的島嶼。

於是古巴成為美國人的天堂和縱情享樂的小島。究竟是古巴人拿了海盜法蘭西斯‧德瑞克（Francis Drake）的酒譜重新製作人們今天依然飲用的著名莫希托？或是美國人在禁酒令期間點了他們最喜歡的雞尾酒（薄荷朱莉普），並搭配當地酒——古巴蘭姆酒？一提及莫希托，就少不了各種軼事，從 1930 年代開始，此酒譜就出現在古巴調酒書中。不過，全世界的第一間莫希托酒吧，是 1942 年開業的哈瓦那五分錢酒館（La Bodeguita Del Medio）。在 1990 年代初期，佩諾力加公司與古巴政府達成協議，分銷哈瓦那俱樂部蘭姆酒，並成功地推廣今日為人熟知的莫希托。

材料

- 25ml 哈瓦那俱樂部 3 年蘭姆酒
- 25ml 朵奇諾卡沙夏
- 20ml 糖漿
- 25ml 鮮榨萊姆汁
- 10 至 12 片新鮮薄荷
- 清涼礦泉水

調製方法

在高球杯中放入新鮮薄荷和其餘材料（除了水），用搗棒將全部材料壓碎，留意不要撕弄碎薄荷葉。酒杯內補滿碎冰和清涼礦泉水，使用吧叉匙攪拌幾秒鐘，裝飾後即可上桌。

酒杯

高球杯

冰塊類型

方冰塊

裝飾物、妝點食材

1 株薄荷葉，附上 1 支湯匙，不需要吸管。

雞尾酒品飲

這款鮮為人知的莫希托，對我而言更為細緻；不過如果你偏好古巴莫希托的傳統酒譜，我提供以下酒譜給你：

- 50ml 哈瓦那俱樂部 3 年蘭姆酒
- 10ml 鮮榨萊姆汁
- 2 吧匙砂糖（白糖或棕糖）
- 12 至 14 片新鮮薄荷
- 適量沛綠雅氣泡水

用 1 枝帶葉薄荷裝飾，附上 2 根吸管，不需要攪碎冰塊，放幾顆方冰塊即可！

第二十五課與第二十七課 **練習題**

練習一 測驗你的知識

1 將雞尾酒與符合的調製技法連接起來：

曼哈頓 ●

玫瑰 ●

大總統 ●　　　　　　　　　　　　● 攪拌法

高速砲彈 ●　　　　　　　　　　　● 直調法

阿多尼斯 ●　　　　　　　　　　　● 古巴滾動法

坎嗆恰辣 ●

馬丁尼茲 ●

2 將雞尾酒與其起源的國家連接起來：

小潘趣 ●　　　　　　　　　　　　● 紐奧良

坎嗆恰辣 ●　　　　　　　　　　　● 巴西

路易斯安那雞尾酒 ●　　　　　　　● 巴黎

花花公子 ●　　　　　　　　　　　● 法屬安的列斯群島

卡琵莉亞 ●　　　　　　　　　　　● 古巴

練習二 訓練自己！

小潘趣和老潘趣的品飲比較：這個練習的目的是了解冰涼小潘趣和常溫小潘趣，和以農業型白蘭姆酒和陳年農業蘭姆酒調製成的小潘趣之間的差異。可以練習一至數次。

先從調製冰涼小潘趣和常溫小潘趣開始。

1 溫度的影響

材料：

5ml 糖漿

1 至 2 顆萊姆角

50ml 馬丁尼克農業型白蘭姆酒 50%

我建議的農業型白蘭姆酒：

克萊蒙 2017 年藍蔗農業型蘭姆酒

聖詹姆士甘蔗之花

JM 白蘭姆酒 50%

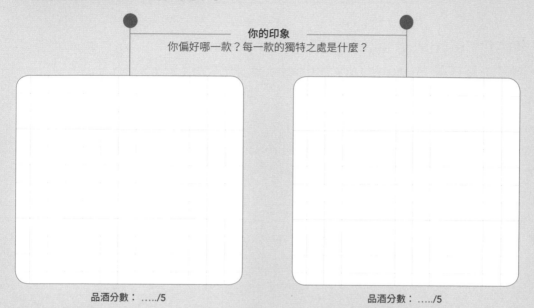

小潘趣
室溫型
調製方法

直接在古典杯內倒入 1 至 2 個萊姆角，
加入蘭姆酒，用吧叉匙輕輕攪拌，
上桌時在酒杯上方放入 1 支小湯匙即可。

小潘趣四維索
冰涼型小潘趣
調製方法

調製方法鑽木式攪拌法（參見第 38 頁）

你的印象
你偏好哪一款？每一款的獨特之處是什麼？

品酒分數：...../5

品酒分數：...../5

❷ 蘭姆酒的影響
使用陳年蘭姆酒取代白蘭姆酒來完成同樣的練習。我們稱這些雞尾酒稱為老潘趣。
我建議的陳年農業蘭姆酒：
JM VSOP 蘭姆酒、三河 VSOP 蘭姆酒、克萊蒙 VSOP 蘭姆酒

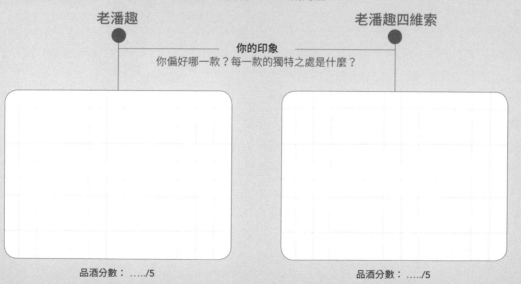

老潘趣

老潘趣四維索

你的印象
你偏好哪一款？每一款的獨特之處是什麼？

品酒分數：...../5

品酒分數：...../5

古巴雞尾酒

● **黛綺莉 Daiquiri** ● **霜凍黛綺莉 Frozen Daiquiri**
● **海明威黛綺莉 Hemingway Daiquiri** ● **混血姑娘 Mulata**

從 1900 年至 1959 年獨立戰爭至革命時期，中間曾歷經禁酒令期間，古巴曾經是美國人的天堂和酒吧小島。古巴優質而清新的蘭姆酒特別適合用於調飲，一群品味高尚的饕客行家也帶給調酒創作者莫大的鼓舞。打響黛綺莉名氣的佛羅蒂妲酒吧（Floridita），其吧台後方穿梭著當時代最頂尖的幾位古巴調酒師（Cantinero）：康士坦汀（Constantino Ribalaigua）、米蓋爾·博阿達斯（Miguel Boadas）……。這也是古巴的雞尾酒黃金時代。

透過本課，我想向這些著名的古巴調酒師致敬，特別是向佛羅蒂妲酒吧那些持續不懈地完善黛綺莉的人致敬。對我來說，黛綺莉符合了古巴蘭姆酒的最原汁原味的表現。黛綺莉誕生於 1896 年，並從 1910 年開始名聞遐邇，古巴傳統上它是加入碎冰（使用攪拌機）飲用而不是直飲，在古巴當地可稱是雞尾酒之王，隨著時間造就出各種變化版。這款雞尾酒變成一個偉大的經典，它是佛羅蒂妲酒吧的招牌之一，海明威經常光臨此店。經典黛綺莉、霜凍版本黛綺莉和海明威黛綺莉是三款需要認識的黛綺莉酒，我納入了一個較不有名的版本——混血姑娘（Mulata），但它同樣好喝且製作簡單。

黛綺莉 Daiquiri

起源

它是歷史最悠久的經典古巴雞尾酒，1896 年由詹寧斯・考克斯（Jennings Cox，一位美國工程師）所創。黛綺莉這一名字，引自位在古巴島嶼東南方的聖地牙哥附近的一座同名鐵礦區，詹寧斯・考克斯就在此地工作。

為了調製出最美味的黛綺莉，這些是我建議的白蘭姆酒或是金色蘭姆酒 [27]：

- 哈瓦那俱樂部 3 年（古巴）
- 傳奇白蘭姆酒（Legendario Blanco，古巴）
- 聖特雷莎金蘭姆（Santa Teresa Claro，委內瑞拉）
- 杜蘭朵白蘭姆（英屬圭亞那）
- 普雷森三星蘭姆酒（由千里達、牙買加和巴貝多蘭姆酒勾兌而成）
- 恩巴戈白蘭姆酒（由古巴、馬丁尼克島和瓜地馬拉蘭姆酒勾兌而成）
- 甘蔗之花珍藏白蘭姆酒（尼加拉瓜）

材料

- 50ml 哈瓦那俱樂部 3 年蘭姆酒
  選擇一款優質的古巴蘭姆酒（或是清淡、香氣不濃的白蘭姆酒）。
- 10ml 鮮榨萊姆汁
  檸檬水果請優先選擇一個小顆萊姆，要調製的時候再擠壓，這會產生截然不同的結果。
- 2 吧匙白砂糖
  必須使用白砂糖而不是紅糖。

調製方法

在雪克杯上蓋倒入萊姆和白砂糖，使用吧叉匙攪拌直到糖溶解均勻，然後倒入古巴白蘭姆酒。底杯加入方冰塊至三分之二滿，然後補滿三分之一碎冰。蓋緊上下蓋，用力搖盪，直到感覺手指沾黏在雪克杯身。上下蓋必須搖到冰涼。濾掉冰塊（使用細密濾網仔細地雙重過濾，以便獲得風味均勻的雞尾酒），倒入酒杯中。即可端上。

酒杯

冰鎮小馬丁尼杯或笛型香檳杯

冰塊類型

不需要（純飲）

裝飾物、妝點食材

不需要

雞尾酒品飲

黛綺莉是款清爽的雞尾酒，隨時可飲用。由於它製作起來相當簡單而且非常順口，如果按照這個酒譜調製，一定會讓你的客人大吃一驚。在他們到達前的 1 小時，將你的酒杯放入冷凍庫，準備足夠的冰塊（方冰和碎冰），在調製前 15 分鐘取出冰塊，搖盪的時候要全心全意地投入——這可是當我向古巴佛羅蒂妲酒吧的調酒師詢問配方時，他們不吝惜給我的建議！

[27] Rhum Pailles，標籤註明麥程的蘭姆酒，顏色呈金色或琥珀色。

霜凍黛綺莉
Frozen Daiquiri

起源

當果汁機於 1910 年代在古巴問世時，康斯坦丁諾·里巴萊瓦·瓦范（Constantino Ribalaigua Vert）「大康士坦汀」於哈瓦那的佛羅蒂妲酒吧創造了霜凍黛綺莉，它成為酒吧的招牌雞尾酒。

材料

- 50ml 哈瓦那俱樂部 3 年蘭姆酒
- 1 抖振糖漿
- 1 抖振瑪拉斯奇諾黑櫻桃利口酒
- 15ml 鮮榨萊姆汁

調製方法

混合法：按照酒譜指示，依序在果汁機倒入材料，加入碎冰，先啟動慢速攪打 10 秒鐘，然後再高速攪打約 15 秒。把果汁機的材料倒入酒杯，上桌時附 2 根短吸管即可。

酒杯

大馬丁尼杯

冰塊類型

碎冰

裝飾物、妝點食材

不需要

雞尾酒品飲

清涼解渴。主要銷售於古巴，在歐洲多為純飲。黛綺莉可以混合各種新鮮水果，最熱銷的配方是包含新鮮草莓的草莓黛綺莉。要將絕佳風味融入雞尾酒的話，首先你必須先打勻材料，然後再加入碎冰，打勻至如冰沙般的稠度。

調飲變化

佛羅蒂妲黛綺莉：約在 1920 年代發明的霜凍黛綺莉變化版本，加入少許新鮮葡萄柚汁。

混血姑娘 Mulata

起源

可能是在 1940 年代，由荷西·瑪麗亞·維拉斯奎茲（José Maria Vazquez）發明。2009 年，我同瑪麗安·貝克在倫敦諾丁山蒙哥馬利廣場發現了這份酒譜。混血姑娘不太有名，但這是一個非常有趣的酒譜，經年累月之下，我讓它變得更加完美。某些酒譜包含了糖漿，但有很長一段時間內，我都專注在用三種材料作為基底找出完美平衡口感：老古巴蘭姆酒、可可香甜酒和萊姆，帶有一絲酸度加上可可的滋味。這就是為什麼我產生這個點子：做出一個由不同利口酒組成的自製混調。

材料

- 45ml 哈瓦那俱樂部 7 年蘭姆酒
- 15ml 鮮榨萊姆汁
- 15ml 自製可可香甜酒

調製方法

搖盪法或混合法

酒杯

小馬丁尼杯（搖盪法）
大馬丁尼杯（混合法）

冰塊類型

不需要

裝飾物、妝點食材

不需要

雞尾酒品飲

隨時皆可飲用的短飲。可可的微酸和甜味之間有完美平衡，古巴陳年蘭姆酒的木桶香和香草味，與可可香甜酒相得益彰，尾韻帶有令人非常愉悅的細緻咖啡香味。

其他古巴雞尾酒

自由古巴：參見第八課（長飲）
大總統：參見第二十六課（開胃雞尾酒之三）
坎嗆恰辣：參見第二十七課（異國風情雞尾酒，蘭姆酒／糖／檸檬為基底）
莫希托：參見第二十七課（異國風情雞尾酒，蘭姆酒／糖／檸檬為基底）

自製食譜

可可香甜酒：在一個密封罐中，混合白可可香甜酒和棕可可香甜酒（吉法）各 200ml，和 100ml 卡魯哇（Kahlúa）咖啡利口酒。存放在陰涼處，使用前搖勻。

海明威黛綺莉 Hemingway Daiquiri

起源

由佛羅蒂妲酒吧的安東尼奧・梅蘭（Antonio Meilán）為著名文豪歐內斯特・海明威（Ernest Hemingway）專門特調。他的其中一句話紅遍大街小巷：「我在佛羅蒂妲酒吧喝黛綺莉，在 5 分錢酒館喝莫希托。」[28] 這位作家患有糖尿病，習慣喝不加糖的雙份黛綺莉，所以這款調酒也被稱作「雙倍老爸」（PaPa Double）。

材料

- 45ml 哈瓦那俱樂部 3 年蘭姆酒
- 5ml 鮮榨萊姆汁
- 25ml 新鮮粉紅葡萄柚汁
- 1 抖振瑪拉斯奇諾黑櫻桃利口酒

多年來我一直在尋找這款飲料恰到好處的平衡，但從未真正尋獲！如果你沒有糖尿病的話，可加入 5ml 糖漿，雞尾酒會呈現另一種層次。

調製方法

搖盪法或混合法

酒杯

大馬丁尼杯

冰塊類型

不需要

裝飾物、妝點食材

不需要

雞尾酒品飲

生津解渴，具清爽口感、微酸，且帶著一絲苦味的短飲。

[28] My Mojito in La Bodeguita. My Daiquiri in El Floridita.

微酸的雞尾酒

● 側車 Side Car　● 君度橙酒公式　● 白色佳人一號 White Lady N° 1
● 荊棘 Bramble　● 瑪格麗特　● 湯米的瑪格麗特 Tommy's Margarita

側車

起源

這款雞尾酒的起源不清楚，但有許多軼事！側車是最著名的以白蘭地為基底的經典調酒，這道配方有可能是在 1920 年代初源自法國，並在 1922 年由麥格里（McGarry）引進倫敦的巴克俱樂部。

材料

- 40ml 墨萊特兄弟調和干邑白蘭地
- 20ml 君度橙酒
- 20ml 鮮榨檸檬汁

調製方法

搖盪法

酒杯

小馬丁尼杯

冰塊類型

不需要

裝飾物、妝點食材

不需要

雞尾酒品飲

辛辣、微酸的短飲雞尾酒。

白色佳人一號

起源

這款經典是由哈利‧麥可艾宏恩（Harry MacElhone） 在 1919 年創作於倫敦仙樂斯俱樂部（Ciro's Club）。某些人將它稱作為白色佳人一號或是原創白色佳人（White Lady Original）。這是我初抵倫敦時品嚐的其中一道酒譜。倫斯敦（Lonsdale）酒吧（位於諾丁丘）的雞尾酒單為我們提供了種類繁多的英式酒飲，其目的是要重現白色佳人等原創酒譜。在 1920 年代末，哈利‧麥可艾宏恩於巴黎哈利的紐約酒吧中改變配方，用琴酒取代了白薄荷香甜酒，後來成為經典的白色佳人。

材料

- 25ml 君度橙酒
- 25ml 吉法薄荷酒
- 25ml 鮮榨檸檬汁

調製方法

搖盪法

酒杯

小馬丁尼杯

冰塊類型

不需要

裝飾物、妝點食材

不需要

雞尾酒品飲

這款短飲雞尾酒無比清新爽口，非常適合餐後及晚宴飲用。

調飲變化

白色佳人二號（法式版本）：
40ml 英人牌琴酒、20ml 君度橙酒、10ml 鮮榨檸檬汁（搖盪法 / 小馬丁尼杯）。

白色佳人二號（英式版本）：
40ml 英人牌琴酒、25ml 鮮榨檸檬汁、15ml 君度橙酒、1 顆新鮮蛋白（乾搖盪 / 大碟型香檳杯）。

荊棘 Bramble

起源

由當代雞尾酒教父——迪克‧布拉德塞爾 (Dick Bradsell) 在 1980 年代中期於倫敦 Soho 區的弗雷德俱樂部 (Fred's club) 內創作了荊棘，它是一種琴酸酒，淋上 1 抖振黑莓香甜酒。在 2000 年初，這款雞尾酒變成了經典。Bramble 原意為「野生黑莓」。

材料

- 50ml 普利茅斯琴酒
- 25ml 鮮榨檸檬汁
- 15ml 糖漿
- 1 抖振吉法黑莓香甜酒

調製方法

搖盪法：在調酒器的上蓋，倒入前 3 種材料，底杯加入方冰塊至三分之二滿，蓋緊上下蓋，搖盪 10 幾秒鐘，用隔冰匙濾出酒液，倒進古典杯。最後注入 1 抖振的黑莓香甜酒，裝飾後即可上桌。

酒杯

古典杯

冰塊類型

碎冰

裝飾物、妝點食材

以兩顆新鮮當季的黑莓裝飾，非當季則可用一片未上蠟的檸檬。

雞尾酒品飲

生津解渴的短飲，隨時可飲用。

瑪格麗特 Margarita

起源

1937 年首次收錄在《咖啡館皇家雞尾酒》（*Cafe Royal Cocktail Book*），書中之名為鬥牛士（Picador）。

材料

- 50ml 100% Agave 白色龍舌蘭
- 25ml 君度橙酒
- 15ml 鮮榨萊姆汁

我建議的 100% Agave 白色龍舌蘭酒款：馬蹄鐵（Herradura）、阿爾托斯（Altos）、阿雷特（Arette）、塔巴蒂奧（Tapatio）。

調製方法

搖盪法

酒杯

大碟型香檳杯

冰塊類型

不需要

裝飾物、妝點食材

製作半圈鹽口杯（參見第七課雪霜杯的製作，第 54 頁）。

雞尾酒品飲

瑪格麗特不甜、微酸，可以用果汁機製作，就如霜凍黛綺莉一樣。最受歡迎的一道果香酒譜為草莓瑪格麗特，這個版本的雞尾酒要以大馬丁尼杯裝盛，附上兩根短吸管。

湯米的瑪格麗特
Tommy's Margarita

起源

湯米的瑪格麗特是由龍舌蘭酒的國際推廣大使——胡里奧·貝爾梅霍（Julio Bermejo）在 1980 年代創作的瑪格麗特現代版本，從此成為了以龍舌蘭酒為基底、最多調酒師喝的經典雞尾酒之一。

材料

- 50ml 100% Agave 白色龍舌蘭
- 25ml 鮮榨萊姆汁
- 15ml 龍舌蘭糖漿或龍舌蘭蜜

調製方法

搖盪法：使用隔冰匙把雞尾酒過濾到古典杯中，裝飾後即可上桌。

酒杯

古典杯

冰塊類型

方冰塊

裝飾物、妝點食材

1 顆萊姆角

雞尾酒品飲

比經典的瑪格麗特更溫潤卻不甜膩。這杯短飲充分展現龍舌蘭酒的精髓，龍舌蘭糖漿為它提升了口感。隨時可飲用。

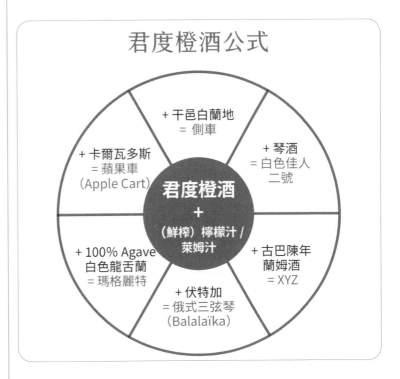

君度橙酒公式

+ 干邑白蘭地 = 側車
+ 琴酒 = 白色佳人二號
+ 古巴陳年蘭姆酒 = XYZ
+ 伏特加 = 俄式三弦琴（Balalaïka）
+ 100% Agave 白色龍舌蘭 = 瑪格麗特
+ 卡爾瓦多斯 = 蘋果車（Apple Cart）

君度橙酒 + （鮮榨）檸檬汁 / 萊姆汁

果香型雞尾酒

● 傑克羅斯 Jack Rose　● 百萬富翁一號 Millionaire Cocktail N° 1
● 三葉草俱樂部 Clover Club　● 血與沙　● 卡麥隆的刺激快感 Cameron's Kick
● 琴蕾　● 瑪麗畢克馥　● 柯夢波丹　● 萊佛士新加坡司令

傑克羅斯 Jack Rose

起源

20 世紀初源於美國，傑克羅斯應該是一位名叫傑克・羅斯的黑幫分子所發明。這是一款以蘋果酒白蘭地為基底，很受歡迎的雞尾酒：在美國它以蘋果傑克（一款當地的蘋果酒白蘭地）調製；在法國，它是用卡爾瓦多斯或布列塔尼白蘭地調製。

材料

- 50ml 吉勒・萊祖爾（Gilles Leizour）布列塔尼 AOC
- 鮮榨半顆萊姆汁
- 15ml 自製紅石榴糖漿

調製方法

搖盪法：先倒入檸檬汁和紅石榴糖漿，使用吧叉匙攪拌幾秒鐘，再加入蘋果酒搖晃，濾掉冰塊（使用細密濾網仔細地雙重過濾），倒入酒杯中。

酒杯

小馬丁尼杯

冰塊類型

不需要

裝飾物、妝點食材

不需要

雞尾酒品飲

富有果香、微酸濃醇的短飲，適合餐前飲用。

調飲變化

深水炸彈（Depth Bomb）：傑克羅斯變化版，1920 年代於倫敦發明。

- 20ml ABK6 干邑白蘭地（VS 等級）
- 20ml 阿波瓦莊園卡爾瓦多斯
- 20ml 鮮榨檸檬汁
- 20ml 自製紅石榴糖漿

金色黎明（Golden Dawn）：從《咖啡館皇家雞尾酒》（1937）發現的變化版本。這個短飲很美味。

- 25ml 阿波瓦莊園卡爾瓦多斯
- 25ml 絲塔朵琴酒
- 20ml 杏桃白蘭地（墨萊特兄弟杏月利口酒）
- 25ml 鮮榨柳橙汁
- 1 抖振紅石榴糖漿

以大碟型香檳杯裝盛。

百萬富翁一號 ♥

起源

這款雞尾酒首次收錄於哈瑞・克拉多克的《薩沃伊雞尾酒大全》（1930 年出版）。這款酒譜並不被認為是經典，但是我這章節中最愛的酒譜之一。

材料

- 25ml 阿普爾頓莊園 12 年蘭姆酒
- 25ml 普利茅斯黑刺李琴酒
- 25ml 杏桃白蘭地（墨萊特兄弟杏月利口酒）
- 鮮榨 1 顆小萊姆汁
- 1 抖振自製紅石榴糖漿

調製方法

搖盪法

酒杯

大碟型香檳杯
帶果香、微酸，非常美味和香味撲鼻！

冰塊類型

不需要

裝飾物、妝點食材

不需要

　　　　　　　　♥：約恩的最愛

柯夢波丹 Cosmopolitan

起源

柯夢波丹從 1990 年至 2000 年代中期大受歡迎。

雪莉・庫克（Cheryl Cook）在 80 年代中期的美國發明這款經典，這時期正值第一批風味伏特加於 1984 年上市的期間。這是第一款以伏特加為基底、含有果汁的短飲，裝在馬丁尼杯中。蔓越莓汁是由蔓越莓果實製成的果汁，源於美國。

柯夢波丹是許多現代雞尾酒的起源，深受男性和女性的喜愛。許多名流與柯夢波丹密不可分，但相信無人比得過《慾望都市》影集的莎拉・傑西卡・帕克（Sarah Jessica Parker），是她讓柯夢波丹聲名大噪。

材料

- 40ml 絕對伏特加檸檬口味
- 10ml 君度橙酒
- 5ml 鮮榨萊姆汁
- 25ml 優鮮沛（Ocean Spray）蔓越莓汁

調製方法

搖盪法

酒杯

小馬丁尼杯

冰塊類型

不需要

裝飾物、妝點食材

檸檬或柳橙噴附皮油後，放入酒杯。

雞尾酒品飲

清爽、微酸的短飲雞尾酒。

三葉草俱樂部 ♥

起源

這個短飲據說是在 1900 至 1908 年之間，費城的貝爾維尤 - 斯特拉特福德（Bellevue-Stratford）酒店為了同名俱樂部的成員所發明。它存在好幾份酒譜版本。不加入蛋白的話，它的名字是粉紅佳人（Pink Lady）：一款更不甜、酸味重的短飲雞尾酒。有時候會使用新鮮的覆盆子（當季）代替紅石榴糖漿調製。哈利・麥可艾宏恩在知名著作《雞尾酒混調 ABC》中另外添加了紅苦艾酒。

材料

- 50ml 普利茅斯琴酒
- 25ml 鮮榨檸檬汁
- 15ml 自製紅石榴糖漿
- 1 顆新鮮蛋白

視需要加入 1 抖振（dash）紅香艾酒（哈利・麥可艾宏恩的版本）

調製方法

乾搖盪法（參見第五課雞尾酒調製技法）。以細密濾網雙重過濾。

酒杯

大碟型香檳杯

冰塊類型

不需要

裝飾物、妝點食材

不需要

雞尾酒品飲

如果把這杯雞尾酒擱在吧台上可以保證，就算不清楚其成分，所有人都想乾掉它！沒錯，三葉草俱樂部讓人目不轉睛，它的紅色／玫瑰色澤及其質感絕對讓你垂涎欲滴。這杯雞尾酒不只美觀，也非常美味！

血與沙 Blood and sand

起源

這款雞尾酒首次收錄於哈瑞・克拉多克的《薩沃伊雞尾酒大全》。

材料

- 25ml 蘇格蘭威士忌
- 25ml 墨萊特「櫻桃姐妹」櫻桃白蘭地（Soeurs Cerises）
- 25ml 魯坦紅香艾酒
- 25ml 鮮榨柳橙汁

調製方法

搖盪法：以細密濾網雙重過濾。

酒杯

大碟型香檳杯

冰塊類型

不需要

裝飾物、妝點食材

不需要

雞尾酒品飲

任由自己被這款短飲擄獲吧，你絕對不會失望！

卡麥隆的刺激快感 Cameron's Kick

起源

這款雞尾酒首次收錄於哈瑞・克拉多克的《薩沃伊雞尾酒大全》，1930 年出版。一款混合蘇格蘭威士忌和愛爾蘭威士忌的雞尾酒，很意想不到，不是嗎？

材料

- 30ml 尊美醇愛爾蘭威士忌（Jameson Irish Whiskey）
- 30ml 百齡罈 12 年蘇格蘭威士忌
- 15ml 杏仁糖漿
- 15ml 鮮榨檸檬汁

調製方法

搖盪法：以細密濾網雙重過濾。

酒杯

小馬丁尼杯

冰塊類型

不需要

裝飾物、妝點食材

不需要

雞尾酒品飲

在你第一次喝到這杯調酒後，很有可能會想再喝第二次！

琴蕾 Gimlet

起源

由皇家海軍成員湯瑪士・琴蕾特爵士（Sir Thomas D. Gimlette）在 19 紀末創作。

他創造了這個混合琴酒和 Lime Coridal（含有糖分的萊姆汁）的飲料來對抗壞血病（一種因為缺乏維生素 C 引起的疾病）。琴蕾在英國特別受到歡迎，他們生產了最好喝的玫瑰牌（Rose's）濃縮萊姆汁。這個材料蠻少見到，甚至可說是遍尋不著。因此我提供給你們一份萊姆汁自製配方。

調製方法

攪拌法。過濾酒液至小古典杯。

材料

- 50ml 普利茅斯琴酒
- 20ml 自製濃縮萊姆汁

酒杯

古典杯

冰塊類型

一大顆方冰塊

裝飾物、妝點食材

不需要

雞尾酒品飲

自從 2000 年初優質伏特加首度在市場問世以來，琴蕾越常使用伏特加來調製（就如馬丁尼的普遍情況一樣）。

瑪麗畢克馥 Mary Pickford

起源

這個古巴經典調酒是佛瑞德・考夫曼（Fred Kaufman，當時代知名的古巴調酒師）為了向默片明星瑪麗畢克馥致敬，創作於 1920 年。

調製方法

搖盪法：以細密濾網雙重過濾。

材料

- 40ml 哈瓦那俱樂部 3 年蘭姆酒
- 40ml 新鮮鳳梨汁
- 1 抖振自製紅石榴糖漿
- 1 抖振露薩朵瑪拉斯奇諾黑櫻桃利口酒

酒杯

大碟型香檳杯

冰塊類型

不需要

裝飾物、妝點食材

不需要

雞尾酒品飲

瑪麗畢克馥是一款異國情調的短飲，絕對讓你入喉無比順暢！

萊佛士新加坡司令 Raffles Singapour sling

起源

1910 年代，嚴孮文（Ngiam Tong Boon）在新加坡萊佛士酒店（Raffles Hotel）的長吧（Long Bar）創作了第一份新加坡司令酒譜。原創酒譜有可能隨著時間佚失，沒有任何的著作記載相同的酒譜。根據我的消息來源，創造出第一份酒譜的酒店也在尋找原版！在 1930 年代，它改名為萊佛士新加坡司令，這份配方由一位顧客想出，是一款更具異國情調的新加坡司令。在 2000 年初，地下酒吧「牛奶與蜜」的顧問兼導師——戴爾・德格羅夫（Dale DeGroff）重新掀起這種長飲的風潮。就是在這間享有盛譽的酒吧，我發現了以下酒譜，現在提供給你。

材料

- 30ml 普利茅斯琴酒
- 20ml 墨萊特「櫻桃姐妹」櫻桃白蘭地
- 10ml 班尼迪克汀
- 10ml 君度橙酒
- 1 抖振自製紅石榴糖漿
- 1 抖振鮮榨萊姆汁
- 2 抖振安格仕苦精
- 80ml 新鮮鳳梨汁

調製方法

搖盪法

酒杯

高球杯

冰塊類型

1 或 2 顆方冰塊

裝飾物、妝點食材

扇形鳳梨、酒漬櫻桃，附上兩根吸管。

雞尾酒品飲

含果香、微酸，清爽解渴，略帶辛香的異國情調長飲。加入鮮榨鳳梨汁調製的話，雞尾酒會昇華至另一種層次。

自製食譜

濃縮萊姆汁（Lime Cordial）：200ml 鮮榨萊姆汁，混合 150ml 龍舌蘭蜜。存放在陰涼處，使用前將小瓶子搖勻。

練習一 君度橙酒公式之輪

將配方和相符的雞尾酒連起來：

卡爾瓦多斯蘋果白蘭地、君度橙酒、檸檬汁 ●　　　　　　　● XYZ

干邑白蘭地、君度橙酒、檸檬汁 ●　　　　　　　● 蘋果車

古巴蘭姆酒、君度橙酒、檸檬汁 ●　　　　　　　● 俄式三弦琴

伏特加、君度橙酒、檸檬汁 ●　　　　　　　● 白色佳人一號

薄荷酒、君度橙酒、檸檬汁 ●　　　　　　　● 側車

練習二 測驗你的知識

❶ 哪一項白蘭地是金色黎明的成分？

○皮斯可香水白蘭地　　　　○干邑白蘭地　　　　○卡爾瓦多斯蘋果白蘭地

❷ 哪一項琴酒是三葉草俱樂部的成分？

○老湯姆琴酒　　　　○普利茅斯琴酒　　　　○英人牌不甜琴酒

❸ 哪一項蘭姆酒是百萬富翁一號的成分？

○牙買加蘭姆酒　　　　○古巴蘭姆酒　　　　○馬丁尼克蘭姆酒

❹ 哪一項威士忌是血與沙的成分？

○波本威士忌　　　　○蘇格蘭威士忌　　　　○裸麥威士忌

練習三 測驗你的知識

在下文中填入合適的字彙：

柯夢波丹 ●　　卡麥隆的刺激快感 ●　　琴酒 ●　　蘇格蘭威士忌 ●　　瑪麗畢克馥

哈瑞・克拉多克 ●　　愛爾蘭威士忌 ●　　濃縮萊姆汁 ●　　風味伏特加

.... 由雪莉・庫克（Cheryl Cook）在 1980 年代於美國創作。這款經典發明於 1984 年，第一批 .... ：絕對伏特加辣椒口味（Absolut Peppar）上市的時候。

琴蕾是在 19 世紀末由皇家海軍成員湯瑪士・琴蕾特爵士（Sir Thomas D. Gimlette）創造。他創造了這個混合 .... 和 .... 的飲料來對抗壞血病，一種因為缺乏維生素 C 引起的疾病。

.... 收錄於 1930 年的《薩沃伊雞尾酒大全》，這款令人驚奇的配方結合了 .... 和 ....，並且與檸檬汁和杏仁糖漿達到平衡。

.... 是由佛瑞德・考夫曼（當時代知名的古巴調酒師）於 1920 年在古巴創作的經典調酒。這道酒譜由古巴蘭姆酒、瑪拉斯奇諾黑櫻桃利口酒、鳳梨汁和紅石榴糖漿組成。..................................... 是調酒界的傳奇人物，他在鼎鼎大名的倫敦薩沃伊酒店的美國酒吧（American Bar）任職了將近 20 年。

練習四 訓練自己！

這題是品飲練習，比較加入砂糖和加入糖漿的黛綺莉。

材料：
10ml 鮮榨萊姆汁
2 吧匙白砂糖或者 10ml 糖漿
50ml 哈瓦那俱樂部 3 年蘭姆酒

調製方法（搖盪法、2/3 杯方冰塊和 1/3 杯方冰塊）：
倒入萊姆汁、砂糖或糖漿，使用吧叉匙攪拌（砂糖的版本請攪拌至完全溶解），加入古巴蘭姆酒，用力地搖，過濾兩次，倒進冰鎮的小碟型香檳杯，或是冰鎮的笛型香檳杯。

加入砂糖的黛綺莉　　　　　　　　　**加入糖漿的黛綺莉**

你的印象
（質地、味道）

品酒分數：....../5　　　　　　　　　品酒分數：....../5

提神醒腦的雞尾酒

● **亡者復甦一、二和三號 Corpse reviver n° 1, 2 and 3** ● **臨別一語 Last Word**
● **法式 75 French 75** ● **飛行 Aviation**
● **哈利的提神雞尾酒 Harry's Pick Me Up** ● **尋血獵犬 Bloodhound**

透過這堂課來探索一些 Pick Me Up 的調酒，也就是所謂的「提神」雞尾酒。某幾款濃烈厚實的
調酒，如亡者復甦；另有一些氣泡滿溢、刺激味蕾的調酒，如哈利的提神雞尾酒；最後還有某些
醒腦、清爽微酸的調酒，如臨別一語。

亡者復甦一號

起源

由法蘭克・米爾（Frank Meier）
在 1920 年代於巴黎麗茲飯店的
酒吧所創作，收錄於 1930 年出
版的《薩沃伊雞尾酒大全》。據
哈瑞・克拉多克所說，這款雞尾
酒應該在早上 11 點前，或在極
度疲憊的狀態下飲用！

材料

- 30ml ABK6 VS 干邑白蘭地
- 20ml 魯坦紅香艾酒
- 20ml 阿波瓦莊園卡爾瓦多斯蘋
  果白蘭地

調製方法

搖盪法

酒杯

小馬丁尼杯

冰塊類型

不需要

裝飾物、妝點食材

不需要

亡者復甦二號

起源

由哈瑞・克拉多克所創，收錄於
1930 年出版的《薩沃伊雞尾酒大
全》。根據傳說，連續喝下 4 杯
這調酒，能夠讓亡者起死回生！

材料

- 20ml 普利茅斯琴酒
- 20ml 白麗葉酒
- 20ml 君度橙酒
- 20ml 鮮榨檸檬汁
- 1 抖振佩諾苦艾酒

調製方法

搖盪法

酒杯

大碟型香檳杯

冰塊類型

不需要

裝飾物、妝點食材

不需要

亡者復甦三號

起源

由強尼・詹森（Johnny Johnson）
在 1948 年創作於倫敦薩沃伊飯店。

材料

- 30ml 馬爹利 VSOP 干邑
  白蘭地
- 30ml 吉法薄荷酒
- 30ml 菲奈特布蘭卡

調製方法

攪拌法

酒杯

小馬丁尼杯

冰塊類型

不需要

裝飾物、妝點食材

不需要

臨別一語 Last Word

起源

不可考：2008 年我在倫敦紅堡（Red Fort）餐廳的某次培訓時，與一位琴酒大使發現了這道酒譜。臨別一語從幾年前開始，變成了一道經典雞尾酒。

材料

- 25ml 絲塔朵琴酒（法式琴酒）
- 25ml 綠色夏特勒茲
- 25ml 露薩朵瑪拉斯奇諾黑櫻桃利口酒
- 25ml 鮮榨萊姆汁

調製方法

搖盪法

酒杯

古典杯

冰塊類型

方冰塊

裝飾物、妝點食材

不需要

雞尾酒品飲

這是一款微酸、含花草植物香味和具清爽口感的飲料。儘管綠色夏特勒茲是經典的烈酒之一，但它和任何一杯法式經典雞尾酒都沒有直接的關聯。多虧了臨別一語，綠色夏特勒茲重新成為雞尾酒吧不可或缺的材料，因此當它重新亮相於當代調酒的酒譜上，也就不令人意外了。

法式 75

起源

法式 75 的名字源自第一次世界大戰期間所使用的一種野戰炮。它由哈利·麥可艾宏恩於 1925 年在巴黎哈利的紐約酒吧中創造。

材料

- 30ml 普利茅斯琴酒
- 15ml 鮮榨的檸檬汁
- 15ml 糖漿
- 冰鎮不甜香檳
- 1 抖振佩諾苦艾酒

調製方法

在雪克杯上蓋倒入糖漿和檸檬汁，使用吧叉匙攪拌幾秒鐘，加入琴酒。底杯加入方冰塊至三分之二滿，蓋緊後上下杯搖晃，濾掉冰塊並以細密濾網仔細地雙重過濾，再將酒液倒入酒杯中。緩緩補注香檳，直到約酒杯杯緣 1 公分的高度，以吧匙攪拌 1 至 2 次，最後加入苦艾酒。裝飾後即可上桌。

酒杯

冰鎮笛型香檳杯

冰塊類型

不需要

裝飾物、妝點食材

在酒杯上方噴附未上蠟的檸檬皮油，丟棄皮捲，用 1 顆酒漬櫻桃裝飾。

雞尾酒品飲

口感微酸、氣泡滿溢，而且嚇死人的後勁！

哈利的提神雞尾酒
Harry's Pick Me Up

起源

由哈利·麥可艾宏恩於 1925 年在巴黎哈利的紐約酒吧創作。

材料

- 2 抖振自製紅石榴糖漿
- 20ml 鮮榨的檸檬汁
- 60ml 墨萊特兄弟調和干邑白蘭地
- 適量冰鎮不甜香檳

調製方法

搖盪法（除了香檳以外的材料）

酒杯

冰鎮笛型香檳杯

冰塊類型

不需要

裝飾物、妝點食材

不需要

雞尾酒品飲

清爽、提振精神和微酸的短飲雞尾酒。發明於 1920 年代、以香檳為基底的雞尾酒，都是裝在碟型杯或是高球杯中，因為當時還沒有笛型香檳杯。這就是法式 75 或是提神雞尾酒的例子，不過它們用笛型香檳杯裝盛時，看起來更加優雅，喝起來也更舒服。

調飲變化

帕波塔（Barbottage）：使用柳橙汁取代干邑白蘭地，就能得到一杯更輕盈、隨時皆可飲用的長飲。

霸克費茲（Buck's Fizz）：由麥格理在 1921 年於倫敦的霸克酒吧創作。在冰鎮的笛型香檳杯中，倒入 60ml 鮮榨柳橙汁，補滿冰鎮不甜香檳，用吧叉匙快速地攪拌一下後，即可端上桌。是隨時皆可飲用的長飲。

含羞草（Mimosa）：1925 年發源於巴黎麗茲飯店。這個經典的酒譜是使用直調法，但這道長飲用搖盪法調製的話會更好喝。在雪克杯上蓋，倒入 60ml 鮮榨柳橙汁、15ml 柑曼怡紅絲帶，底杯加入方冰塊至三分之二滿，蓋緊上下杯，搖晃幾秒鐘，濾掉冰塊並使用濾網仔細地雙重過濾，將雞尾酒倒進冰鎮的笛型香檳杯中。補滿冰鎮不甜香檳，輕輕攪拌。

尋血獵犬 ♥

起源

這道配方在 1922 年由曼徹斯特公爵引進倫敦，它收錄於某些書中，但未被公認是經典，它也是本課中我最愛的雞尾酒之一。

材料

- 25ml 普利茅斯琴酒
- 25ml 魯坦紅香艾酒
- 25ml 魯坦不甜香艾酒
- 10ml 露薩朵瑪拉斯奇諾黑櫻桃利口酒
- 4 顆新鮮覆盆子

調製方法

搖盪法：不要攪碎覆盆子，直接一起搖晃，濾掉冰塊和雙重過濾。

酒杯

冰鎮的小碟型香檳杯

冰塊類型

不需要

裝飾物、妝點食材

不需要

雞尾酒品飲

不甜、含果香和微酸口感的短飲雞尾酒。可以加入新鮮草莓調製。

飛行 Aviation

起源

收錄在雨果・安斯林（Hugo Ensslin）1916 年的著作《混合飲料調製法》（*Recipes for Mixed Drinks*），出版於禁酒令之前。從 1930 年至 2000 年，飛行的酒譜收錄進雞尾酒專書中，但成分不包含紫羅蘭酒。第一版在美國的酒譜包含了紫羅蘭香甜酒（Crème Yvette），但是這款酒在二十世紀初不再銷售；隨著時間，這道酒譜也被遺忘了。在 2008 年，多虧倫敦多爾切斯特酒店的某位調酒師，他推薦我大衛・旺德里奇（David Wondrich，雞尾酒史學家）的著作《飲！》（*Imbibe!*）的同時，我發現了這個原創酒譜。這本書於同年 [29] 出版並榮獲「當年度最佳雞尾酒書」。幸運的是，在法國，我們擁有一些專業技術被認可的酒廠。吉法是最早重新推出著名紫羅蘭酒的酒廠之一。飛行是一款被遺忘的經典，近年它在最負盛名的酒吧的雞尾酒單上重出江湖。

材料

- 45ml 絲塔朵老湯姆琴酒（法式琴酒）
- 5ml 吉法紫羅蘭利口酒
- 15ml 露薩朵瑪拉斯奇諾黑櫻桃利口酒
- 20ml 鮮榨檸檬汁

調製方法

搖盪法

酒杯

小馬丁尼杯

冰塊類型

不需要

裝飾物、妝點食材

檸檬噴附皮油，再用一個小酒針將皮捲固定於杯緣；加入酒漬櫻桃。

雞尾酒品飲

這是一款清爽、微酸和帶花香的短飲，適合餐前或晚宴飲用。

---

[29] 譯註：出版年分應為 2017 年，《飲！》是榮獲著名詹姆斯・彼爾德獎（James Beard Award）的雞尾酒書，此獎專門表彰美國餐飲界傑出的廚師、餐廳、作家，以及其他專業人士。

以白蘭地為基酒的雞尾酒

● 賽澤瑞克 Sazerac ● 老廣場 Vieux Carré ● 哈佛 Harvard
● 日本雞尾酒 Japanese ● B&B（白蘭地和班尼迪克汀）

透過這一堂課，發掘歷史上以干邑白蘭地為基酒，其中幾款最棒的調酒。

賽澤瑞克

起源

賽澤瑞克是最早（如果它不是史上第一杯的話）的經典雞尾酒之一。它發源於 1850 年代初期的紐奧良，添加了一款名為「賽澤瑞克」（Sazerac de Forge et Fils）的干邑白蘭地，並成為全世界最昂貴的干邑白蘭地之一。賽澤瑞克也與裴喬氏苦精有關，這是一種濃縮苦酒，由法國藥劑師安東尼·裴喬（Antoine Amédée Peychaud）創造，他是奧爾良一家藥店的老闆，他把自己調配的苦精與干邑白蘭地（加少許糖和水）混合，裝在一個小雞蛋杯（Coquetier）中，這種混調大受酒客歡迎。在離藥局不遠處，一間咖啡廳的老闆將店名重新命名為賽澤瑞克咖啡館（The Sazerac Coffee House），這款雞尾酒大獲成功。約在 1860 年代末期，根瘤蚜危害摧毀了法國葡萄園，干邑酒莊無法出口夏朗德的白蘭地！在 1870 年代，干邑白蘭地逐漸被裸麥威士忌（一種當地產品）所取代，之後更加入了一抖振的苦艾酒。以干邑白蘭地為基酒的配方被遺忘，裸麥威士忌則隨著時間將成為賽澤

瑞克的官方精神。從 1870 年至 1910 年之間，這份酒譜包含了裸麥威士忌、裴喬氏苦精、糖和一滴苦艾酒。當苦艾酒在美國和法國被禁止（稍早於禁酒令之前），且在 1930 年至 2000 年代被茴香酒取代時，賽澤瑞克的配方再度進化！

在 2000 年代中期的紐約和倫敦，雞尾酒吹起了復古風潮，當佩諾推出含有苦艾植物萃取物的酒時——一款近似原始配方的烈酒，使賽澤瑞克重新引領起潮流。

2008 年，我在倫敦同米凱爾·佩隆（Mickaël Perron）發現了賽澤瑞克的歷史和酒譜，米凱爾·佩隆是 2000 年代在英國首都獲獎最多的法國調酒師。

材料

- 60ml ABK6 干邑白蘭地（VSOP 級）
- 5ml 糖漿
- 2-3 抖振裴喬氏苦精

調製方法

在古典杯中放滿碎冰，加入 2 大抖振的苦艾酒。在準備雞尾酒時，將酒杯擱置一邊以便吸收苦艾酒的味道。在攪拌杯中加入冰塊至三分之二滿，倒入干邑白蘭地、糖漿和苦精，用吧叉匙攪拌直到溶解均勻，再以隔冰匙濾掉冰塊，將雞尾酒倒入涮過苦艾酒的酒杯（記得先倒掉碎冰和苦艾酒，再倒入雞尾酒）。

酒杯

涮過佩諾苦艾酒的古典杯

冰塊類型

不需要

裝飾物、妝點食材

檸檬噴附皮油，將皮捲掛在杯緣。

雞尾酒品飲

不甜和芳香的賞味雞尾酒。

老廣場

起源

史丹利‧克斯比‧亞瑟（Stanley Clisby Arthur）在 1937 年發明這款調酒。這是一款在紐奧良非常知名的雞尾酒。

材料

- 30ml 尚-呂克‧柏斯卡有機干邑白蘭地（l'Organic de Jean-Luc Pasquet）
- 30ml 黑麥威士忌
- 15ml 魯坦紅香艾酒
- 15ml 班尼迪克汀
- 1 抖振安格仕苦精
- 1 抖振裴喬氏苦精

調製方法

在攪拌杯中加入冰塊至三分之二滿，倒入材料，再使用吧叉匙攪拌，將攪拌杯的雞尾酒過濾，倒入放有一顆大方冰塊的古典杯，即可端上服務。

酒杯

古典杯

冰塊類型

方冰塊

裝飾物、妝點食材

不需要

雞尾酒品飲

老廣場是強勁和芳香的調酒，吸引那些醇厚雞尾酒愛好者的味蕾。

哈佛

起源

哈佛是一款 19 世紀末發源於美國的古老經典雞尾酒。它收錄於當時期的許多書籍中，雖然每本書的配方不一致，但它被視為曼哈頓的變奏版本。近幾年來，哈佛重見天日，這是我為這款老派經典調製的版本。

材料

- 45ml 芒第佛城堡 VSOP 干邑白蘭地
- 35ml 魯坦紅香艾酒
- 5ml 糖漿
- 2 抖振費氏兄弟蜜桃苦精

調製方法

攪拌法

酒杯

小馬丁尼杯

冰塊類型

不需要

裝飾物、妝點食材

酒漬櫻桃

雞尾酒品飲

這個版本令人驚喜，它讓哈佛更溫潤、更富果香，是一款作為開胃酒的理想短飲，比你想像的更平易近人！

日本雞尾酒

起源

由教授傑瑞‧湯瑪斯發明的經典調酒，酒譜收錄於他 1862 年的第一本著作。我向你推薦的這份酒譜，是我經年累月調整的一個變異版本。請挑選一瓶優質的干邑白蘭地。至於苦精，你可以使用安格仕苦精取代蘇茲芳香苦精（Suze Aromatic Bitter）。最後，杏仁糖漿的份量主要取決所使用的品牌。

材料

- 60ml 皮耶費朗 1840 干邑白蘭地
- 10ml 杏仁糖漿
- 2 滴蘇茲芳香苦精

調製方法

攪拌法

酒杯

小碟型香檳杯

冰塊類型

不需要

裝飾物、妝點食材

檸檬噴附皮油，將皮捲放入酒杯。

雞尾酒品飲

美味的雞尾酒。

B&B（白蘭地和班尼迪克汀）

起源

這款調酒 1937 年發源於紐約 21 俱樂部（21 Club）。2011 年，我在里昂古董收藏家酒吧發現這份酒譜。

材料

- 35ml 馬爹利調和干邑白蘭地（Premier Assemblage）
- 35ml 班尼迪克汀

調製方法

攪拌法

酒杯

古典杯

冰塊類型

方冰塊

裝飾物、妝點食材

不需要

雞尾酒品飲

餐後型雞尾酒，要保持冰涼上桌。

餐後雞尾酒

● 瑪麗亞多洛雷斯 Maria Dolores　● 亞歷山大白蘭地 Brandy Alexander
● 金色凱迪拉克 Golden Cadillac

瑪麗亞多洛雷斯 ♥

起源

這款雞尾酒是米蓋爾・博阿達斯為銘記女兒瑪麗亞・多洛雷斯所創。它並不是所謂的經典酒譜之一，但我想透過這本書向他致敬，因為博阿達斯家族普及了英文稱為 Throwing 的技法，又稱古巴滾動法，這是我 2008 年在倫敦同約安・拉扎雷斯發現的方法。回到法國後，我參加了無數的雞尾酒競賽，這些比賽讓我能夠在當時推廣這種前衛的技法。2011 年，希利爾・胡貢（Cyrille Hugon）和杜加斯（Dugas）酒商推出第一屆的雞尾酒 2.0 升級競賽（安格仕世界調酒大賽）。概念是製作一杯雞尾酒，然後把影片展現在社交平台上。在巴黎的決賽中，我呈現了千里達雞尾酒，並講述古巴滾動法和博阿達斯家族的故事。自此之後，調酒師經常使用這項技法。

材料

- 25ml 皮耶費朗 1840 干邑白蘭地
- 25ml 庫拉索橙酒
- 25ml 吉法棕可可香甜酒

調製方法

古巴滾動法（參見第五課）

♥：約恩的最愛

酒杯
小碟型香檳杯

冰塊類型
不需要

裝飾物、妝點食材
不需要

雞尾酒品飲
適合餐後飲用。

米蓋爾・博阿達斯 Miguel Boadas

米蓋爾・博阿達斯一直在哈瓦那最負盛名的佛羅蒂妲酒吧任職，直到 1925 年。在美國禁酒令期間（1919-1933），加勒比海最大的島嶼成為當時享樂主義紳士的時尚之地。佛羅蒂妲接待了當時的顯赫人物——最負盛名的莫過於歐內斯特・海明威——米格爾・博阿達斯和無數的古巴調酒師一樣，為此地的國際聲譽有諸多貢獻。在佛羅蒂妲的吧台後方度過的這些歲月裡，米蓋爾・博阿達斯改善了古巴滾動法。儘管在古巴島上享有盛譽，但 1925 年，就在美國禁酒令期間，他決定流亡西班牙，在巴塞隆納最美麗的宮殿中實踐他的藝術。1933 年，他在巴塞隆納開立了第一間雞尾酒吧（Cocteleria）——博阿達斯酒吧（Boadas bar）。這個小酒吧很快成為享樂酒客不容錯過的聚會場所。
在 1962 年，米蓋爾・博阿達斯成立了西班牙調酒師協會（Del Barmen Club）。他於 1965 年去世，在他的顧客和親朋好友間留下永恆的印記。在父親羽翼之下長大的瑪麗亞・多洛雷斯・博阿達斯 (Maria Dolores Boadas)，為延續家族傳統，和丈夫一起接管了酒吧事業。這位優雅高貴的女士在吧台後方傳承家族的傳統近 40 年。這漫長的歲月裡，她一直是西班牙最技藝精湛的調酒師。在 1990 年，她決定將博阿達斯酒吧調配的靈藥飲料公開，集結成《博阿達斯酒吧雞尾酒吧》（*Los Cocteles del Boadas Cocktail Bar*）一書。博阿達斯是世界上最棒的雞尾酒吧之一，80 多年來讓古巴滾動法代代相傳。

白蘭地亞歷山大

起源

1920 年代初期發源於英國，這款酒以瑪麗公主（Princess Mary）之名為人所知，而後改名為亞歷山大。原始酒譜包含了琴酒，但是當干邑白蘭地取代琴酒之後，這道酒譜在國際上廣受歡迎。在英國，這兩款酒被清楚區分開來。白蘭地亞歷山大是最受歡迎、以奶油為基底的餐後雞尾酒。

材料

- 30ml 馬爹利 VSOP 干邑白蘭地
- 30ml 自製可可香甜酒
- 30ml 鮮奶油

自製可可香甜酒：在一個密封罐中混合白可可香甜酒和棕可可香甜酒（吉法）各 200ml，以及 100ml 卡魯哇咖啡利口酒。存放在陰涼處，使用前搖勻。

調製方法

在雪克杯上蓋倒入 3 大匙濃稠鮮奶油，倒進干邑白蘭地和可可香甜酒，用吧匙把所有材料攪拌至質地均勻。底杯加入方冰塊至三分之二滿，蓋緊上下杯用力搖晃，濾掉冰塊並以細密濾網仔細地雙重過濾，將酒液倒入酒杯中。裝飾後即可上桌。

酒杯

大碟型香檳杯

冰塊類型

不需要

裝飾物、妝點食材

肉豆蔻磨粉

雞尾酒品飲

綿密口感、濃醇、香甜，適合秋季或冬季享用完大餐後飲用。如果搖得均勻細緻的話，你喝起來不會有鮮奶油的味道，奶油只是為這款短飲增添口感。一款含有奶油或是雞蛋的調酒，必須（使用雪克杯）搖晃 2 倍以上的時間。

金色凱迪拉克

起源

1960 年代發明於美國，當時義大利加利安諾香甜酒在美國上市。金色凱迪拉克是（在同種類的無數雞尾酒當中）最美味的餐後酒之一。加利安諾香草利口酒能在一些高級義大利食品商店中找到。

材料

- 30ml 加利安諾香草利口酒（Galliano Vanilla Liqueur）
- 30ml 吉法白可可香甜酒
- 30ml 鮮奶油

調製方法

搖盪法

酒杯

大碟型香檳杯

冰塊類型

不需要

裝飾物、妝點食材

經典酒譜沒有任何裝飾，但如果沒有加上現削的黑巧克力或巧克力碎片，很難將這款短飲端上桌！

雞尾酒品飲

清淡、綿密口感、香甜，金色凱迪拉克讓人感覺在吃一球香草冰淇淋。

調飲變化

綠色蚱蜢（Grasshoper）：源自紐奧良的經典調酒，最初是以普施咖啡的形式供應。用綠薄荷香甜酒（Get 27 或是 Peppermint）。不需要裝飾物。

金色夢幻（Golden Dream）：搖盪法／大碟型香檳杯：30ml 加利安諾利口酒、20ml 君度橙酒、20ml 鮮榨柳橙汁和 10ml 鮮奶油。不需要裝飾物。

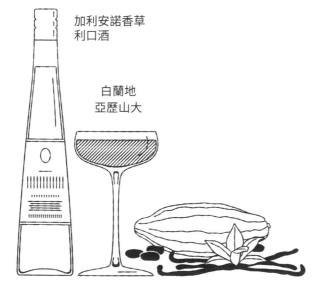

加利安諾香草利口酒

白蘭地亞歷山大

第三十一課至第三十三課 **練習題**

練習一 以白蘭地為基酒的雞尾酒

將配方和相符的雞尾酒連起來：

亡者復甦一號 ●   ● 干邑白蘭地、可可香甜酒、鮮奶油

賽澤瑞克 ●   ● 干邑白蘭地、杏仁糖漿、蘇茲芳香苦精

日本雞尾酒 ●   ● 干邑白蘭地、紅香艾酒、卡爾瓦多斯蘋果白蘭地

亞歷山大白蘭地 ●   ● 干邑白蘭地、糖漿、裴喬氏苦精

瑪麗亞多洛雷斯 ●   ● 干邑白蘭地、庫拉索橙酒、可可香甜酒

練習二 測驗你的知識

❶ 誰創作了亡者復甦一號？

○ 哈瑞・克拉多克   ○ 法蘭克・米爾   ○ 強尼・詹森

❷ 哪一款雞尾酒含有綠色夏特勒茲？

○ 老廣場   ○ 臨別一語   ○ 哈佛

❸ 尋血獵犬使用哪種新鮮水果？

○ 櫻桃   ○ 黑莓   ○ 覆盆子

❹ 這些雞尾酒從最古代排序至最新。以下哪一項正確？

○ 賽澤瑞克、白蘭地
亞歷山大、老廣場

○ 白蘭地亞歷山大、
賽澤瑞克、老廣場

○ 賽澤瑞克、老廣場、
白蘭地亞歷山大

❺ 這道配方：白蘭地 / 薄荷酒 / 菲奈特布蘭卡，是哪一款亡者復甦？

○ 亡者復甦一號   ○ 亡者復甦二號   ○ 亡者復甦三號

❻ 哪一項是賽澤瑞克正確的劑量？

○ 30ml 干邑白蘭地、
20ml 糖漿、2-3 抖振
裴喬氏苦精

○ 60ml 干邑白蘭地、
5ml 糖漿、2-3 抖振
裴喬氏苦精

○ 40ml 干邑白蘭地、
10ml 糖漿、2-3 抖振
裴喬氏苦精

❼ 金色凱迪拉克含有哪一款利口酒？

○ 墨萊特葡萄園蜜桃香
甜酒

○ 吉法薄荷酒利口酒

○ 加利安諾香草利口酒

練習三 訓練自己！

法式 75 的品飲比較：我們要調出兩道不同配方的法式 75，然後比較兩者。

1 直調法和搖盪法製作的法式 75

材料：
30ml 普利茅斯琴酒
15ml 糖漿
15ml 鮮榨檸檬汁
補滿冰鎮不甜香檳

裝飾物、妝點食材：以 1 條檸檬皮捲和 1 顆酒漬櫻桃裝飾。

直調法法式 75
調製方法

在高球杯中裝入冰塊至三分之二杯滿，倒入材料，使用吧叉匙攪拌，裝飾後即可上桌。

搖盪法法式 75
調製方法

搖杯之後，倒入 1 個預先冰鎮於冷凍庫的笛型香檳杯。最後加入 1 滴苦艾酒。

你的印象
（質地、清爽感、味道、持續度……）

品酒分數：....../5　　　　　　品酒分數：....../5

2 添加或是不加苦艾酒？
用搖盪法調製兩杯法式 75，然後喝喝看，比較第 1 杯添加苦艾酒和第 2 杯不加苦艾酒。

含苦艾酒的法式 75　　　　　　不含苦艾酒的法式 75

你的印象
（味道、持續度……）

品酒分數：....../5　　　　　　品酒分數：....../5

3 最後，您可以用伏特加、卡爾瓦多或干邑代替琴酒。

第四章

當代雞尾酒

當我們開始掌握所有系列雞尾酒以及經典雞尾酒時,就可以大膽嘗試當代雞尾酒了。這裡介紹的無數酒譜都是來自經典雞尾酒,並做成我們所稱的 Twist(變化版),也就是用烈酒和當代技法重新調製的雞尾酒。1990 年至 2000 年在倫敦的雞尾酒復興,造就大量現代雞尾酒的誕生,某些已經是近幾年不容錯過的調酒(如濃縮咖啡馬丁尼、甜蜜蜜、綠巨人、早餐馬丁尼、老古巴人……)。法國雞尾酒界自 2008 年以來復甦,已研發出許多以法國烈酒為基酒的酒譜,例如淡香水、祖母的花園(Jardin de Mémé)、內格羅尼法國海外版本(Dom Tom Negroni),又或是皮爾史汀格(Byrrh Stinger)。

手作和自製配料的風潮正席捲而來,你將會發現某些令人出乎意料的酒譜,例如:英倫風情或是梅布爾的甜蜜蜜,它們展現了雞尾酒界預留給我們未來的所有潛力。

夏季雞尾酒

● 艾普羅斯比滋 Aperol Spritz ● 淡香水 L'eau Fraîche
● 干邑峰會 Cognac Summit ● 巴黎司令 Parisian Sling ● 帕洛瑪 Paloma
● 綠巨人 Green Beast ● 綠巨人潘趣酒版本 ● 午茶時光 Ti' time

這些雞尾酒皆用直調法調製。無論是長飲或短飲,它們都清涼解渴,適合傍晚時刻或當作餐前酒飲用。某些酒譜會幫助你探索非典型的材料,例如昂傑(Anger)的野櫻桃利口酒(Guignolet)或迷迭香精。

淡香水

起源

淡香水是由史蒂夫・馬丁於 2014 年在巴黎為了「法式」(Á la Française)酒吧的開幕所創作。這款長飲雞尾酒以當代手法重新調配著名的琴通寧,並使蘇茲利口酒再度掀起熱潮——也是越來越受調酒師歡迎的知名法國開胃酒。

材料

• 30ml 蘇茲龍膽利口酒
• 10ml 蜜桃糖漿
• 15ml 絲塔朵法國琴酒
• 通寧水(舒味思頂級調和)
• 噴一下瑪麗白莎迷迭香精

如果你沒有迷迭香精,仍然可以品味這款雞尾酒,例如加一小枝新鮮迷迭香。

調製方法

在酒杯倒入蘇茲利口酒、琴酒和蜜桃糖漿,握住杯柱,然後像品酒一樣地攪拌酒杯來混合材料。加入幾顆方冰塊,補滿通寧水,輕輕用吧叉匙攪拌,裝飾後,在酒杯上方噴一下迷迭香精。即可端上桌。

酒杯

葡萄酒杯

冰塊類型

方冰塊

裝飾物、妝點食材

2 片小黃瓜圓切片

雞尾酒品飲

一如其名,淡香水是款清涼解渴、隨時可飲用的長飲。一杯美味的雞尾酒,是由組成它的多種成分之間平衡的結果,這也是酒飲的靈魂所在!不喜歡某種材料並不代表不會喜歡它所在的酒譜,因為每一種材料若各自與其他材料搭配得當,就會產生多或少一點的鮮明風味。舉例來說,蜜桃糖漿和龍膽利口酒就是絕配,重點始終是平衡。淡香水很可能會讓你對蘇茲龍膽利口酒產生好感,這款雞尾酒也已經吸引了一大批粉絲。

艾普羅斯比滋 Aperol Spritz

起源

艾普羅斯比滋某種程度上是現代的美國佬。在法國,斯比滋隨著艾普羅變得更流行普及。不過,在艾普羅斯比滋出現之前,以金巴利為基酒的斯比滋在義大利早就盛行一時。經典配方以斯比滋(Spritz)為名且廣為人知,是一款以相同份量的不甜白葡萄酒和氣泡水的混調,傳統上德國人和奧地利人會在夏季飲用

2012 年推出的艾普羅斯比滋,迅速地現身在餐廳的吧台酒單上,並成為偉大經典。它的成功歸因於簡單且能快速調製的酒譜。

材料

- 30ml 艾普羅(Aperol)香甜酒
- 30ml 不甜白葡萄酒
- 30ml 氣泡水

調製方法

冰塊裝滿葡萄酒杯,用吧叉匙攪拌幾秒鐘使酒杯冷卻,然後用隔冰匙過濾融水。按照酒譜指示的順序加入 3 種材料,再用吧叉匙攪拌幾秒鐘,裝飾後即可上桌。

酒杯

葡萄酒杯

冰塊類型

方冰塊

裝飾物、妝點食材

1 片切工精細的新鮮柳橙角。

雞尾酒品飲

生津解渴、微帶苦味的雞尾酒,適合近傍晚時刻或是餐前飲用。

調飲變化

斯比滋和金巴利、皮爾開胃酒、蘇茲龍膽利口酒或白麗葉酒一起搭配,也非常受歡迎。

干邑峰會

起源

在 2008 年國際干邑高峰會上，由來自世界的幾位最頂尖調酒師攜手創作。這是一杯以當代手法重新調製的白蘭地高球飲料。

材料

- 1 條萊姆皮捲
- 4 片新鮮生薑薄片
- 40ml VSOP 干邑白蘭地
- 60ml 手工製作的檸檬水

調製方法

將萊姆皮和生薑薄片放入酒杯。倒入 20ml VSOP 干邑白蘭地、輕輕用搗棒搗壓 2 至 3 次。在酒杯中倒入冰塊至半滿。使用吧叉匙攪拌 5 秒鐘後，再次倒入 20ml VSOP 干邑白蘭地。再放入手工製作的檸檬水和小黃瓜皮。使用吧叉匙攪拌 5 秒鐘後，即可端上桌。

酒杯

古典杯

冰塊類型

4 至 5 顆方冰塊

裝飾物、妝點食材

1 條小黃瓜薄皮

雞尾酒品飲

干邑峰會絕對會讓所有人著迷，並在夏日調飲中占有一席之地。干邑峰會比普通的高球白蘭地更為複雜，能讓你以不同的方式體驗著名的夏朗德白蘭地。
提醒：可以用優質的 VS 干邑白蘭地取代 VSOP 干邑白蘭地。在幾年前，優質的 VS 干邑白蘭地被用於烹飪，但如今眾多酒莊皆銷售優質 VS 干邑白蘭地。

巴黎司令

起源

由費爾南多‧卡斯特倫（Fernando Castellon）於 2010 年在里昂創造，目的是為了提升野櫻桃利口酒的重要性，根據費爾南多所言，它是櫻桃白蘭地的真正替代品。一般來說，野櫻桃利口酒比較不甜，它更展現出櫻桃汁液的萃取風味，而櫻桃白蘭地帶有木質香和堅果香味。

材料

- 40ml 昂熱野櫻桃利口酒
- 20ml 普利茅斯琴酒
- 20ml 鮮榨檸檬汁
- 10ml 糖漿
- 40ml 沛綠雅氣泡水

野櫻桃利口酒（Guignolet）： 以傳統浸泡法，把產自蒙莫朗西（Montmorency）的酸櫻桃和顏色更深、更甜的櫻桃浸漬酒精釀造而成的開胃酒。酒精濃度為 15%。

調製方法

在一個裝滿冰塊的高球杯裡，依照酒譜指示的順序倒入材料，然後用吧叉匙攪拌幾秒鐘。裝飾後即可上桌。

酒杯

高球杯

冰塊類型

方冰塊

裝飾物、妝點食材

一顆未加工的檸檬角、一個阿瑪雷納櫻桃。

雞尾酒品飲

這杯長飲的調製非常容易；它清淡、解渴、充滿果香，能夠隨時飲用。這款雞尾酒深獲我心的地方，在於它推廣了一款如野櫻桃利口酒這般歷史悠久的開胃酒，在此之前它並沒有真正用於調酒上。而且，它是用來當作基酒而不是搭配的利口酒。淡香水即為一例，以蘇茲龍膽利口酒作為基酒，而少比例的琴酒則是為了提高必要的酒精強度，讓基底的開胃酒風味充分展現。這種稱為「翻轉」（Reverse）的方法並不新奇：在最早期的雞尾酒（馬丁尼茲、曼哈頓等）中，含有的苦艾酒成分比白蘭更多，但隨時間變化，比例顛倒了過來。在 21 世紀，慢飲（Slow Drinking）成為了趨勢：喝得少而質精。享受清涼的低酒精雞尾酒，搭配下酒菜或小食已成為時代風尚。巴黎司令即屬於這股風潮的其中一款酒。

帕洛瑪 Paloma

起源

不可考。2008 年，我在倫敦的一
間龍舌蘭酒吧發現了這款經典雞
尾酒：帕洛瑪是一款在墨西哥大
受歡迎的飲料。原創酒譜是在沾
上半圈鹽口的高球杯中直調，由
龍舌蘭、萊姆角或萊姆汁組成，
補滿葡萄柚蘇打。這是一款特別
有異國情調的長飲，具有騾子的
精神，但是清涼爽口。

材料

- 50ml 奧美加阿爾托斯 100%
  Agave 白色龍舌蘭
- 10ml 龍舌蘭糖漿或龍舌蘭
  蜜
- 10ml 鮮榨萊姆汁
- 60ml 鮮榨粉紅葡萄柚汁
- 40ml 英倫精萃（London
  Essence）葡萄柚 & 迷迭香
  通寧水

調製方法

在一個裝滿冰塊的高球杯內，
依照酒譜列的順序倒入材料，
然後用吧叉匙攪拌幾秒鐘，
裝飾後即可端上桌。

酒杯

高球杯

冰塊類型

方冰塊

裝飾物、妝點食材

研磨罐轉一圈的鹽量（1 大
撮）、1 個萊姆角，附上 1 支
攪拌棒。

雞尾酒品飲

這款長飲在當季隨時可飲用。你的味蕾將難以抗拒葡萄柚和龍舌蘭的結合，龍舌蘭糖漿為這款
飲品帶來完美的平衡，讓你能在夏天自在享用。

綠巨人

起源

這款以苦艾酒為基酒的美味飲料，是由查理·維克森納（Charles Vexenat）於 2010 年為了佩諾苦艾酒在法國的重新問世而創作。

材料

- 20ml 佩諾苦艾酒
- 20ml 鮮榨萊姆汁
- 20ml 糖漿
- 80ml 冰涼礦泉水

調製方法

在一個裝滿冰塊的高球杯，依照酒譜指示的順序倒入材料，然後用吧叉匙攪拌幾秒鐘，裝飾後即可上桌。

酒杯

高球杯

冰塊類型

方冰塊

裝飾物、妝點食材

幾片小黃瓜圓切片

雞尾酒品飲

在這款清涼的長飲中，苦艾酒的花草香味展露無遺。至於茴香味道則是幽微而清雅，甜度與酸味平衡得非常完美。小黃瓜大幅提升這款美味調酒的清爽感。屬於夏季的雞尾酒。

綠巨人潘趣酒版本

起源

綠巨人是查理·維克森納為了佩諾公司慶祝苦艾酒在法國的重新問世而創作。它已經成為佩諾苦艾酒在國際上的代表性調酒。這款調酒可以在一個潘趣酒缽直調。我向你推薦這份酒譜，因為我認為它比原版更好喝。這是夏季餐前飲用的理想潘趣酒，但前提是，必須在非常冰涼的情況下飲用，因為這款雞尾酒如果調製得好的話，會讓你的賓客（即使是那些不喜歡茴香味道的人）大為驚豔。相反地，如果調壞了，可能完全沒辦法喝！

製作 1 杯好喝的 2 人份雞尾酒，比為 10 人或 100 人加量調製要容易得多。這跟烹飪的過程是一樣的道理：只用份量乘以人數是不夠的，總是有一些微妙差異。

材料和調製方法

在服務前 2 小時準備好潘趣酒缽（在夏季中午或晚上作為開胃酒來飲用）。

10 人份酒譜（每人飲用 2 杯）：

1 倒入 400ml 鮮榨萊姆汁和 400ml 糖漿在一個酒缽中，使用吧叉匙攪拌幾秒鐘。品嚐一下酸甜的濃度來確保達到完美的平衡。不滿意的話，依你喜好添加糖漿或是檸檬。

2 倒入 400ml 苦艾酒，然後再次攪拌。

3 加入小黃瓜圓切片（每杯 2 片，共 40 片，記得 1 條小黃瓜大約可以切成 30 個薄片）。

4 倒入 1.5L 的礦泉水，使用 1 支大湯匙攪拌幾秒鐘。

5 將酒缽存放陰涼處，靜置約 1.5 小時。

6 在服務的 15 分鐘前，加入約 2 公斤的冰塊（方冰塊），然後輕輕攪拌，留意要試喝一下雞尾酒，確保它夠清涼、不會過甜或過酸。

7 即可上桌。

雞尾酒品飲

小提醒，你可以使用佩諾茴香酒代替苦艾酒。

午茶時光 Ti' Time

起源

由瑪麗・皮卡於 2015 年 10 月創作於巴黎，是為了第一屆克萊蒙蘭姆酒（馬丁尼克島）舉辦的小潘趣世界盃（Ti Punch Cup）。這場比賽的挑戰很簡單：以當代手法重新調製小潘趣，同時保留它原有基因（蘭姆酒、糖、檸檬）。我在克萊蒙住宅區（L'habitation Clément）的世界決賽上發現了這款雞尾酒，它馬上擄獲我的心！午茶時光在酒吧快訊大獎（Infos Bar Awards）上被遴選為「2016 年最棒的調酒」。

瑪麗的靈感

「我建議你在克萊蒙（Clément）住宅區公園的中心散步一次。現在是下午四點，在棕櫚樹的樹蔭下，這是『午茶時光』。藍色甘蔗的強烈蘭姆香氣和周圍芬芳裡的清新糅合一起，一絲微苦淨化了寧靜安詳的片刻。我們時間充裕，並希望在樹彎處看見珍妮出現，她或許能向我們述說種植園的故事……或者靜待時間發酵，它會越來越『溫暖[30]』。」瑪麗的靈感，來自下午茶時間在花草樹叢中的交流時光……。

材料

- 40ml 藍蔗農業白色蘭姆酒
- 1/4 顆萊姆
- 1 顆金桔
- 10ml 檸檬草（香茅）糖漿
- 噴一下六月氣息（Esprit de June）利口酒

調製方法

在酒杯中，將金桔、萊姆和檸檬草糖漿一起搗壓。將蘭姆酒裝在一個小的玻璃牛奶壺，接著在搗壓的水果上噴一下六月氣息利口酒。

酒杯

古典杯

冰塊類型

不需要

裝飾物、妝點食材

不需要

雞尾酒品飲

顧名思義，這款雞尾酒最好在下午茶時光供應……但不要忘了它也是一款小潘趣，因此可以在在一天中的任何時間享用。

---

[30] 這裡使用雙關，克萊蒙（Clément）在法文有氣候溫暖之意。

細膩濃烈的雞尾酒

● 本森赫斯特 Bensonhurst　● 格林波特 Greenpoint　● 血腥藍色龍舌蘭 Blood Tequilana
● 天后馬丁尼 Diva's Martini　● 黑色賽澤瑞克 Black Sazerac
● 龍舌蘭賽澤瑞克 Tequila Sazerac　● 左輪手槍 Revolver

本課的所有雞尾酒——除了黑色賽澤瑞克以外，皆用攪拌法調製。這些酒譜使用時下流行的不同材料：例如吉拿酒或安鐵基特（Antésite）甘草濃縮液。這些芳香又濃烈的雞尾酒用碟型香檳杯或是古典杯裝盛，很適合作為餐後酒，有些則也能在餐前飲用。

本森赫斯特

起源

2006年冬天，查德・所羅門（Chad Solomon）正服務於紐約的牛奶與蜜和勃固俱樂部，創作了這款短飲。查德・所羅門是為了取代布魯克林而發明本森赫斯特，部分理由是因為皮康橙香開胃酒短缺之故。

材料

- 60ml 裸麥威士忌
- 30ml 香貝里不甜香艾酒（魯坦或多林）
- 5ml 吉拿酒
- 10ml 露薩朵瑪拉斯奇諾黑櫻桃利口酒

吉拿酒：於 1952 年問世，是一種由十多種草藥泡製而成的義大利苦味型開胃酒。它的特色在於朝鮮薊的香味。

調製方法

攪拌法

酒杯

冰鎮的小碟型香檳杯

冰塊類型

不需要

裝飾物、妝點食材

不需要

雞尾酒品飲

本森赫斯特是不甜且香氣濃郁的調酒，適合開胃飲用，它是含吉拿酒成分的最知名調酒。

其他含有吉拿酒的當代酒譜

貝利奧尼（Berlioni）：內格羅尼的變化版。

- 40ml 琴酒
- 20ml 吉拿酒 （Cynar）
- 15ml 不甜香艾酒
- 柳橙噴附完皮油，皮捲投入杯中裝飾

黑色賽澤瑞克 Black Sazerac

起源

由約瑟夫·比奧拉托 (Joseph Biolatto) 於 2009 年在巴黎所創，黑色賽澤瑞克在費爾南多·卡斯特倫一年一度舉辦的調酒錦標賽中奪得了全國冠軍。2010 年，我在巴黎的論壇酒吧（Le Forum）挖掘了這款出色的酒。這場調酒師競賽雲集了法國調酒界的菁英，是我品嚐過最棒的經典賽澤瑞克變化版本。

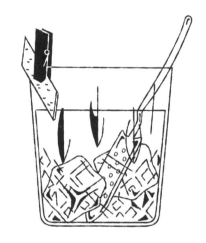

材料

- 50ml 墨萊特兄弟調和干邑白蘭地
- 1 抖振費氏兄弟蜜桃苦精
- 1 抖振蘇茲芳香苦精
- 1 抖振吉法勃根地黑醋栗香甜酒
- 微量氣泡水
- 安鐵基特（Antésite）甘草 - 茴香濃縮液涮杯

備註 安鐵基特很容易在超市糖漿區的貨架上找到。

調製方法

在古典杯中裝滿冰塊，倒入安鐵基特濃縮液並使用吧叉匙攪拌 10 幾秒，以便將糖漿的味道均勻浸潤酒杯，再以隔冰匙濾除融水。倒入氣泡水、黑醋栗香甜酒和一份干邑白蘭地。使用吧叉匙攪拌 10 幾秒鐘後，裝飾後即可上桌。

酒杯

古典杯

冰塊類型

方冰塊

裝飾物、妝點食材

萊姆皮捲、洋甘草棒，附上 1 支苦艾酒匙來喚起對原版賽澤瑞克的發源地——紐奧良的回憶。

雞尾酒品飲

黑色賽澤瑞克是一杯令人回味的雞尾酒，它能夠作為餐前酒或餐後酒飲用。

格林波特

起源

由麥可‧麥克羅伊（Michael McIlroy）在 2005 年創作於紐約的牛奶與蜜酒吧。

材料

- 60ml 裸麥威士忌
- 15ml 黃色夏特勒茲
- 15ml 龐特梅斯（Punt e Mes）香艾酒
- 2 抖振安格仕苦精
- 1 抖振蘇茲柑橘苦精

調製方法

攪拌法

酒杯

冰鎮的小碟型香檳杯

冰塊類型

不需要

裝飾物、妝點食材

柳橙噴附皮油，然後用一個小酒針將皮捲固定於杯緣。

雞尾酒品飲

非常令人愉悅的一款酒，喜愛曼哈頓和布魯克林的饕客一定會欣賞這款短飲的複雜香氣，它很適合作為餐前酒。

血腥藍色龍舌蘭

起源

2009 年我為倫敦 Soho 區的 Akbar 新酒單創作這款酒。當我構思這款雞尾酒時，我的目的是展現龍舌蘭酒在調酒學的潛力。我的靈感來自龍舌蘭馬丁尼（Tequini）：藉由苦香艾酒涮攪拌杯，並用黑莓香甜酒添加一絲果香味，來解構這杯調酒。你不加蘇茲龍膽利口酒也可以享用這款雞尾酒，它不包含在原始酒譜中，但龍膽為這款短飲注入了額外的複雜香氣。

材料

- 55ml 馬蹄鐵 100% Agave 白色龍舌蘭
- 5ml 蘇茲龍膽利口酒
- 10ml 吉法黑莓香甜酒

我建議的龍舌蘭：阿爾托斯（Altos）、卡勒 23 號（Calle 23）、塔巴蒂奧（Tapatio）、8（Ocho）龍舌蘭。

調製方法

在攪拌杯裝滿冰塊，倒入 30ml 的不甜香艾酒並使用吧叉匙攪拌 10 幾秒，以便香艾酒均勻浸潤酒杯，然後用隔冰匙濾除香艾酒。

接著倒入龍舌蘭、黑莓香甜酒和蘇茲龍膽利口酒，再以吧叉匙攪拌雞尾酒直到冰涼，用隔冰匙過濾酒液，倒進裝盛的酒杯中。裝飾後即可上桌。

酒杯

冰鎮的小碟型香檳杯

冰塊類型

不需要

裝飾物、妝點食材

葡萄柚噴附皮油後丟棄。

雞尾酒品飲

血腥藍色龍舌蘭能夠讓人以不同於傳統瑪格麗特的方式探索龍舌蘭酒。紅色果實如草莓、黑莓和黑醋栗，與龍舌蘭烈酒完美地搭配一起。嗅聞到的葡萄柚皮油香氣，為這款短飲錦上添花。這是一款辛辣而具果香的雞尾酒，略帶鹹味，尾韻悠長並帶有清鮮果香。

備註 「Tequilana」指的是 100% Agave 龍舌蘭酒的龍舌蘭品種「Tequilana Weber」，即藍色龍舌蘭。

天后馬丁尼

起源

由約安‧拉扎雷斯所創。

約安的靈感

「我為 2012 年在倫敦舉行的 Absolut Elyx（絕對伏特加）競賽調製這款雞尾酒，天后馬丁尼獲得了第一名。這場比賽的選手來自倫敦最頂級的酒吧：麗茲飯店、薩沃伊飯店、多爾切斯特、君往何處去（Quo Vadis）、康諾特（Connaught）。為了調製這款雞尾酒，我受品牌大使蘿貝卡‧阿姆奎斯特（Rebecca Almqvist）的啟發，調製了一款具亞洲情調的不甜馬丁尼，這是我在梅菲爾多爾切斯特的唐人館酒吧所發現的風味。」

材料

- 50ml 絕對伏特加（Absolut Elyx）
- 25ml 特選尚德麗葉（Réserve Jean de Lillet）
- 15ml 國王薑汁（King Ginger）
- 5ml 茉莉濃縮汁

國王薑汁（King Ginger）：印度生薑口味利口酒。如果你找不到這款利口酒，可以用吉法印度生薑利口酒（Ginger of the Indies）或是享樂主義者（Hedonist）利口酒取代。

特選尚德麗葉：來自波爾多知名開胃酒麗葉的頂級特釀，它的名字取自家族的祖先。

調製方法

攪拌法

酒杯

冰鎮小碟型香檳杯

冰塊類型

不需要

裝飾物、妝點食材

放一個幸運餅乾在杯緣上。

雞尾酒品飲

天后馬丁尼名符其實！美味、細緻、優雅和芳香，帶有亞洲風味的短飲。

龍舌蘭賽澤瑞克

起源

2009 年，我在倫敦的倫斯敦（Lonsdale）酒吧發現了這份賽澤瑞克的變化版，這是那時調酒師在休假日最喜歡喝的雞尾酒之一！

材料

- 50ml 奧美加阿爾托斯金龍舌蘭（Reposado Tequila）
- 10ml 龍舌蘭糖漿或龍舌蘭蜜
- 4 抖振裴喬氏苦精
- 幾滴佩諾苦艾酒

調製方法

把碎冰倒進一個古典杯，準備的時候放在一旁冰鎮。攪拌杯裝入方冰塊至三分之二滿。倒入龍舌蘭糖漿、苦精和龍舌蘭，用吧匙輕輕攪拌直到雞尾酒溶解均勻和非常冰涼。從古典杯濾掉碎冰並甩幾滴苦艾酒（裝在苦精瓶）在酒杯中，完成後請大喊一聲：龍舌蘭賽澤瑞克！使用隔冰匙過濾，把攪拌杯的雞尾酒倒入古典杯，裝飾後即可上桌，記得帶著笑容！

酒杯

古典杯

冰塊類型

不需要

裝飾物、妝點食材

萊姆噴附皮油，然後用一個小酒針將皮捲固定於杯緣。

雞尾酒品飲

龍舌蘭賽澤瑞克是一款美味的調酒，它可以作為餐後酒或是作為「Night Cap」享用，意思是「睡前最後一杯酒」！

左輪手槍 Revolver

起源

由舊金山調酒師、強‧桑德（Jon Santer）在 20 世紀初發明。

材料

- 60ml 渥福精選波本威士忌
- 30ml 卡魯哇咖啡利口酒
- 2 抖振蘇茲柑橘苦精

調製方法

攪拌法

酒杯

冰鎮的小碟型香檳杯

冰塊類型

不需要

裝飾物、妝點食材

噴附柳橙皮油，皮捲投入酒杯。

雞尾酒品飲

多麼令人驚豔的組合！它是可以在晚餐結束時搭配美味甜點一起享用的餐後型雞尾酒。

自製食譜

濃縮茉莉花汁：將十朵茉莉花浸泡在 200ml 的水中，然後關小火熬煮 5 分鐘，直到汁液收一半為止。

特色雞尾酒

● **千里達雞尾酒 El trinidad Cocktail**
● **陳釀的內格羅尼法國海外版本 Dom Tom Negroni** ● **木質鹹狗 Woody And Salty**

這些頂級雞尾酒是完美的賞味型雞尾酒，可作為開胃酒或餐後酒享用。在此向古巴滾動法和桶陳技法（Hanky Panky）獻上敬意！

千里達雞尾酒

起源

我在 2011 年創作了這款雞尾酒。千里達雞尾酒在巴黎安格式世界調酒大賽中獲得法國第 1 名，在立陶宛維爾紐斯獲得歐洲區第 6 名。

材料

- 50ml 安格仕 1919 蘭姆酒
- 15ml 皮爾開胃酒（Byrrh Grand Quinquina）
- 15ml 莫寧萊姆利口酒
- 5 抖振安格仕苦精
- 自製安格仕柑橘苦精香燻冰塊

莫寧原味利口酒：1913 年（莫寧公司創始隔年）問世的萊姆利口酒。這是一款美味的優質利口酒，類似三重蒸餾的甜味橙酒（Triple-sec），但在這裡則是用萊姆皮代替橙皮。它的酒精濃度為 33%，且含有干邑白蘭地。

皮爾苦味開胃酒：以葡萄酒為基酒的奎寧類型餐前酒，自 1866

年在蒂爾（Thuir）生產至今。這款特釀是以維萊特（Violet）兄弟的原始配方調製，它在 19 世紀至瘋狂年代[31] 大受歡迎。由於調酒界對復古開胃酒的重新關注，皮爾苦味開胃酒於 2008 年在倫敦和紐約重新推出。這種開胃酒也可以加冰塊單獨品嚐，它以紅色水果香氣為其特色。

調製方法

在底杯中裝入安格仕柑橘苦精香燻冰塊至三分之二滿，倒入材料至上蓋，然後用古巴滾動法調製（參見第五課），濾掉冰塊並以濾網雙重過濾，將酒液倒入服務酒杯中，裝飾後即可上桌。

酒杯

冰鎮的大碟型香檳杯

冰塊類型

不需要

裝飾物、妝點食材

噴附萊姆皮油，將皮捲掛在杯緣；加上酒漬櫻桃。

雞尾酒品飲

這款短飲是一杯美味的雞尾酒，可於餐前或餐後飲用，它比看起來容易入喉。蘭姆酒的香草和肉荳蔻的味道被苦精增強；皮爾利口酒為這款味道層次豐富的雞尾酒，注入一股異國情調而微妙的平衡。至於後韻，你會對安格仕苦精燻製的自製冰塊所帶來的柑橘味大感驚奇！當雪克杯中的調酒（以古巴滾動法）倒在冰塊上好幾次時，混合的酒液會散發出柳橙苦精的味道。

自製食譜

自製安格仕柑橘苦精香燻冰塊：以 30 至 40 滴安格仕柑橘苦精混合 1 公升的礦泉水或過濾水。在冷凍庫中存放 24 至 48 小時，記得要蓋住冰磚以保留其風味。

---

[31] Année Folles，約在 1920 年代。

陳釀的內格羅尼法國海外版 [32]

起源

2014 年我為法國蘭姆酒雜誌《Rumporter》創作這款酒。我構思這款雞尾酒是為了在調酒界推廣農業蘭姆酒。這款雞尾酒最初並沒有陳釀，它叫做內格羅尼法國海外版。我在里昂 Sirha（美食餐飲界的展覽）開展的前幾個月，為一個我受邀參與的論壇調整了配方，其主題是「調製你的蘭姆酒」。在會上展示了一款調配的小潘趣（以小潘趣為基底，加入水果和香料浸泡好幾個月釀造而成）以及桶陳的內格羅尼法國海外版本，一種在橡木桶中陳釀、更複雜的雞尾酒。

材料

- 35ml 克萊蒙精選農業蘭姆酒（Clément Select Barrel）
- 25ml 魯坦紅香艾酒
- 25ml 金巴利酒
- 最後倒入 6 滴皮康橙香開胃酒

備註 可以用其他優質農業蘭姆酒（琥珀色或陳年）取代克萊蒙精選農業蘭姆酒

調製方法

關於木桶陳釀的方法，請參見第五課雞尾酒調製技法。在一個大容器（或大玻璃瓶）中，倒入 1 瓶蘭姆酒（琥珀色或陳年）、四分之三瓶金巴利酒和 1 瓶紅色苦艾酒。不能用陳釀皮康橙香開胃酒。不加冰塊攪拌，使用小濾斗將酒液倒入小酒桶。讓酒液靜置幾個星期，留意定期品嚐雞尾酒的味道。按照你的喜好，可以在 6 到 7 週（理想是 9 週）後享用你的雞尾酒。攪拌杯中裝入冰塊至四分之三滿，打開酒桶的小龍頭倒入 80ml，再用吧叉匙攪拌並用隔冰匙過濾，將酒液倒進古典杯。在酒杯上方噴附柳橙皮油，皮捲放入杯中。最後加入 6 滴皮康橙

香開胃酒，不需攪拌即可上桌。

酒杯

古典杯

冰塊類型

方冰塊

裝飾物、妝點食材

柳橙噴附皮油後，皮捲投入酒杯。

雞尾酒品飲

適合作為開胃酒的美味雞尾酒，內格羅尼法國海外版本以它的木質香與烤麵包香為特色！

木質鹹狗

起源

我在 2017 年為奧美加阿爾托斯龍舌蘭在法國的上市，創造了這款雞尾酒。奧美加阿爾托斯金龍舌蘭（Reposado）是一款 100% Agave 龍舌蘭，在裝有美國威士忌的酒桶中陳釀 6 至 8 個月。它以其清新、木頭香氣、香草、柑橘味和輕微鹹味為特色。藉由製作這款雞尾酒，我不但發現了陳年龍舌蘭在調酒學的潛力，還發現一種新的雞尾酒基底（陳年龍舌蘭或梅斯卡爾酒 + 柑橘利口酒 + 艾普羅 + 苦精），它類似曼哈頓或大總統的配方，但並未包含葡萄酒基底的開胃酒，而且搭配得非常完美！

我花費好幾個星期才確定最終配方，因為有多種可能性：龍舌蘭可以用梅斯卡爾酒代替；比格蕾吉娜利口酒可以用一款柑橘利口酒、三重蒸餾甜味橙酒或是庫拉索橙皮酒取代；而蘇茲紅色苦精能夠用許多苦味酒（Bitter Truth）取代，含有葡萄柚的那些苦酒和它最搭配合宜。

材料

- 50ml 奧美加阿爾托斯金龍舌蘭（100% Agave）
- 10ml 比格蕾吉娜利口酒（Bigallet China-China）
- 10ml 艾普羅
- 1 滴蘇茲紅色苦精

比格蕾吉娜利口酒：由菲力克斯和露意絲比格蕾（Félix et Louis Bigallet）於 1875 年創立，比格蕾吉娜利口酒是以橙皮浸泡和蒸餾，並調配多種芳香植物的一款餐後苦味利口酒。它的酒精濃度為 40%。

備註 你可以用荔枝利口酒、柑曼怡利口酒（紅絲帶）或是皮耶費朗干邑橙酒代替比格蕾吉娜利口酒。

調製方法

攪拌法

酒杯

冰鎮的小碟型香檳杯（半圈鹽口杯）

冰塊類型

不需要

裝飾物、妝點食材

拿柑橘果皮（柳橙、葡萄柚或萊姆）在酒杯上方噴附皮油，並用一個小酒針將皮捲固定於杯緣。

雞尾酒品飲

這款雞尾酒可於餐前或餐後飲用。柑橘類水果和辛香料之間的微妙結合，尾韻的一絲鹹味非常令人愉悅，且香氣持久且濃烈。

重新演繹的雞尾酒

● **甜蜜蜜 Treacle** ● **梅布爾的甜蜜蜜 Mabel's Treacle** ● **高級時裝 Haute Couture**
● **白內格羅尼 White Negroni** ● **布蘭卡麗塔 Brancarita** ● **二十一世紀 21th century**

本課雞尾酒皆以經典雞尾酒為基礎，融入新的材料或使用新的調製方法，為其增添一抹現代感。

甜蜜蜜

起源

由迪克·布拉德塞爾 (Dick Bradsell) 於 1990 年中期在倫敦弗雷德俱樂部創造。

材料

- 50ml 麥爾（牙買加）黑蘭姆酒
- 2 抖振安格仕苦精
- 2 抖振安格仕柑橘苦精
- 5ml 糖漿
- 15ml 新鮮濃稠蘋果汁

調製方法

在裝盛的酒杯中倒入前 4 種材料，加入幾顆方冰塊，使用吧叉匙攪拌幾秒鐘，在酒杯上方噴附檸檬皮油，皮捲放入杯中，最後倒入一層漂浮的蘋果汁，即可端上桌。

酒杯

古典杯

冰塊類型

方冰塊

裝飾物、妝點食材

檸檬噴附皮油，將皮捲放入酒杯。

雞尾酒品飲

這是一款蘭姆古典雞尾酒，補上少許的蘋果汁。蘭姆酒和蘋果汁的結合令人驚豔，這是迪克·布拉德塞爾典型的製作手法，用酒吧具備的簡單材料、重新演繹的一款經典雞尾酒。

備註 上面介紹的配方是迪克·布拉德塞爾的原創，但這款雞尾酒與許多英國蘭姆酒的搭配效果很好。最後，甜蜜蜜的好壞主要取決於蘋果汁的質量（使用有機蘋果汁或盡可能越少糖分越好）。

迪克·布拉德塞爾 DICK BRADSELL

迪克·布拉德塞爾無庸置疑是過去 30 年最受認可的英國調酒師。他是 1990 年代中期倫敦雞尾酒復興的源流，培訓了不可勝數的調酒師，並開創多款在過去 10 年成為經典的當代雞尾酒：濃縮咖啡馬丁尼、荊棘、搖擺[33]、甜蜜蜜……。迪克·布拉德塞爾在 2005 年不幸離世，他留給英國調酒師的資產或許和哈瑞·克拉多克在 1930 年代所遺留的一樣重要！

[33] 搖擺的名字來自布拉德塞爾，他希望創作一款讓人喝了醺醺然、走路搖搖晃晃卻不會真的摔倒的調酒。

白內格羅尼 White Negroni

起源

2002 年，韋恩·科林斯（Wayne Collins，倫敦調酒師）在波爾多舉辦的餐前酒會上構思了這款出色的內格羅尼變化版。這個酒譜一直默默無聞，直到 2010 年代，當白麗葉酒和蘇茲利口酒重新受到世界各地調酒師的歡迎時，才有能見度。這兩種法式開胃酒傳統上會加入利口酒冰塊飲用，幸虧雞尾酒的復興，它們又開始流行。

材料

- 60ml 普利茅斯琴酒
- 25ml 白麗葉酒
- 15ml 蘇茲龍膽利口酒

調製方法

攪拌法

酒杯

大碟型香檳杯

冰塊類型

不需要

裝飾物、妝點食材

取未上蠟檸檬噴附皮油，然後用一個小酒針將皮捲固定於杯緣。

雞尾酒品飲

白內格羅尼是一款不甜、具有柑橘清新味道的調酒，它與經典的內格羅尼相比，較為不苦。

第三十七課

梅布爾的甜蜜蜜

起源

2015 年，我 在 巴 黎 梅 布 爾 （Mabel） 酒吧開業的時候，發現這款美妙的甜蜜蜜變化版本。約瑟夫·阿卡萬（Joseph Akhavan）是我同世代中最有創意的調酒師之一。當我在晚會第一次喝到這個雞尾酒時，對我來說，將它列入當代雞尾酒名單是理所當然的事情！

約瑟夫的靈感

「『梅布爾的甜蜜蜜』當然是受到迪克·布拉德塞爾所創作的經典甜蜜蜜的直接啟發，後者本身已經是一款蘭姆古典雞尾酒。這是我喜愛的一款雞尾酒，它呈現出的雞尾酒風格，就是我想為自己酒吧的酒單所重新設計的。於是在 2014 年當我開始思考即將要為梅布爾推出的第一份酒單時，我創作了『梅布爾的甜蜜蜜』。它從此成為酒吧的一款經典，再也沒有從酒單中消失！原本想法是保持經典甜蜜蜜的結構，不抽掉任何東西以便保留它的完美基底，再用符合雞尾酒的搭配方式進行改造。因此保留了四種元素：蘭姆酒、蘋果、一個苦味和一個甜味元素。」

材料

- 45ml 聖特雷莎金蘭姆，浸泡柔和香料 12 小時（肉荳蔻、綠茴香、生薑、肉桂、丁香

- 15ml 菲諾雪莉酒
- 0.25ml 白苦艾酒
- 30ml 有機蘋果汁
- 10ml 薄荷粉紅蘋果酒的自製席拉布 [34]
- 10ml 諾曼第阿波瓦莊園卡爾瓦多斯
- 4 抖振梅布爾芳香苦精

備註 如果你找不到白苦艾酒，我建議用茴香酒取代它。至於梅布爾芳香苦精，可用 2 抖振蘇茲芳香苦精或是蘇茲柑橘苦精取代。

調製方法

在裝盛的酒杯中，倒入前 6 種材料，加入幾顆方冰塊，使用吧叉匙攪拌幾秒鐘。在酒杯內補滿碎冰，裝飾，最後加入幾抖振苦精，附 2 根吸管即可上桌。

酒杯

古典杯

冰塊類型

方冰塊和碎冰

裝飾物、妝點食材

1 株薄荷葉、撒幾片帶辛香的蘋果薄片。

雞尾酒品飲

梅布爾的甜蜜蜜不僅是一道經典重製的雞尾酒配方，它的結構清楚說明：20 世紀調酒師的工作不再僅概括為雞尾酒的簡單調製。將香料泡製於蘭姆酒中的步驟不算困難，但在開始之前，必須對蘭姆酒有充分的了解，以便選擇最適合泡製的蘭姆酒。像聖特雷莎這般酒精濃度低、香氣不顯的西班牙風格白蘭姆酒就非常適合。在蘭姆酒中加入香料或辣椒的做法越來越普遍；它提升了雞尾酒的結構，就像梅布爾的甜蜜蜜一樣。

高級時裝

起源

由 蘿 拉 · 佩 羅 （Laura Perot） 在 2014 年 12 月 創作於雷恩貿易學院（Faculty of Trades of Rennes）。在 2015 年卡爾瓦多斯的新潮流國際比賽中，高級時裝獲得法國冠軍以及「調酒師」額外評選的全球第五名。比賽的主題為「多維爾（譯註：在多維爾地區每年多會舉辦美國電影節）拍自己的電影」，目的是調出呼應電影片段的雞尾酒。

蘿拉的靈感

「我選擇了《時尚女王香奈兒》（Coco avant Chanel）的電影片段。我一開始是在香奈兒 N° 5 中發現我的靈感。我先找出它的組成成分，然後嘗試找到可以與花香結合的產品。我想讓大家在我的材料和雞尾酒中發現好幾種元素：香奈兒 N° 5 香水中的花香、香料的味道，以及一些甜和一些苦的調性。最後，在視覺方面，我希望它時尚優雅，並成為高級時裝的代表。」

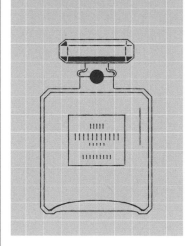

---

[34] Shrub，一種由水果和醋調製的醋飲。

材料

- 40ml 阿波瓦莊園卡爾瓦多斯
- 20ml 里刻 43
- 10ml 泰西瑞接骨木糖漿
- 2 抖振蘇茲柑橘苦精

里刻 43（Licor 43）：含有 43 種水果、植物和香料的西班牙利口酒，有明顯的香草香氣。

調製方法

搖盪法

酒杯

預先冰鎮的古典杯

冰塊類型

1 顆球形冰塊

裝飾物、妝點食材

1 顆裹滿食用金粉的蘋果球，1 片蘋果扇，附上 1 支小湯匙，最後在酒杯上方噴一下卡爾瓦多斯。

雞尾酒品飲

高級時裝名副其實，是一款吸引各式各樣饕客味蕾的精緻雞尾酒，也是一款濃烈又香甜的調酒。卡爾瓦多斯的濃醇、里刻 43 的香甜、接骨木糖漿，以及蘇茲柑橘苦精的苦味達到完美的平衡。

布蘭卡麗塔 Brancarita

起源

由皮耶‧布林（Pierre Blin）在康卡爾（Cancale）的加利翁（Galion）酒吧在 2015 年和我一起為全國調酒大賽所創作的，這款迷人的酒譜為現場即興創作，以著名的瑪格麗特為靈感，取了令顧客琅琅上口的酒名「布蘭卡麗塔」。

材料

- 40ml 卡勒 23 號金龍舌蘭
- 15ml 吉法棕可可香甜酒
- 10ml 菲奈特布蘭卡
- 在雪克杯中用手榨取 1/2 顆萊姆（小顆綠色檸檬）

調製方法

搖盪法：請雙重過濾。

酒杯

冰鎮小馬丁尼杯

冰塊類型

不需要

裝飾物、妝點食材

以侯艾朗傑（Olivier Roellinger，著名法國廚師）的山椒粉作鹽口杯，一種帶有萊姆、檸檬和檸檬香茅香氣，並讓舌頭震顫的日本酥麻花椒。

雞尾酒品飲

布蘭卡麗塔既可以當作餐前酒，也可以作為餐後酒享用，這種簡

單又複雜的酒譜能吸引尋求新口味的饕客味蕾。

二十一世紀

起源

由吉姆‧米漢 2007 年在勃固俱樂部發明這款酒。

材料

- 60ml 奧美加阿爾托斯 100% Agave 白色龍舌蘭
- 22.5ml 鮮榨檸檬汁
- 22.5ml 吉法白可可香甜酒

調製方法

在裝盛的酒杯倒入碎冰，並倒入 20ml 的佩諾苦艾酒，準備調製的時候先靜置，以便讓酒杯完全浸潤。在小杯倒入龍舌蘭和剩餘材料，在大杯加入方塊冰至三分之二滿，蓋緊上下蓋，搖晃直到雪克杯杯壁變得冷涼。倒掉酒杯的碎冰，留意將杯裡的水倒乾，然後用隔冰匙濾冰並使用細密濾網雙重過濾，將雞尾酒倒入酒杯。

酒杯

大碟型香檳杯，用佩諾苦艾酒涮杯。

冰塊類型

不需要

裝飾物、妝點食材

不需要

雞尾酒品飲

這杯短飲雞尾酒的靈感來自於 1920 年代現身倫敦的一款古老酒譜：「20 世紀」（20th century）包括琴酒、白麗葉酒、白可可香甜酒和檸檬汁。以龍舌蘭為基酒的 21 世紀比起原版較不辛辣、也不酸澀，佩諾的茴香與可可香甜酒的香味是絕配。

練習一 訓練自己！攪拌、品嚐和比較看看！

這個實作練習的目標是藉由更改基酒（干邑白蘭地、黑麥威士忌、龍舌蘭）來比較賽澤瑞克的不同變化版本。這個練習非常有趣，因為它可以更佳理解經典雞尾酒的基底和當代的變化版

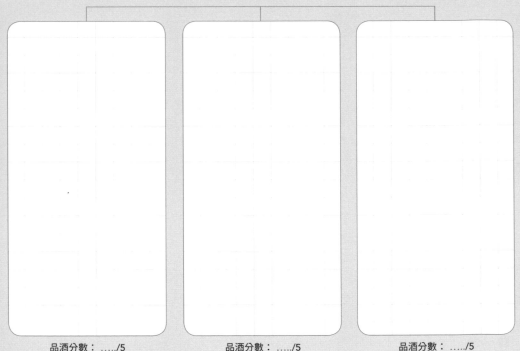

經典賽澤瑞克

材料
60ml VSOP 干邑白蘭地
5ml 糖漿
2-3 抖振裴喬氏苦精
噴附檸檬皮油，將皮捲掛在杯緣。

調製方法
攪拌法，用涮過苦艾酒的古典杯
裝盛，不加冰塊飲用。

裸麥威士忌賽澤瑞克

材料
用裸麥威士忌取代干邑白蘭地。

龍舌蘭賽澤瑞克

材料
50ml 奧美加阿爾托斯金龍舌蘭
（Reposado Tequila）
10ml 龍舌蘭糖漿或龍舌蘭蜜
4 抖振裴喬氏苦精
幾滴佩諾苦艾酒
噴附檸檬皮油，將皮捲掛在杯緣

調製方法
攪拌法，用預先冰鎮的
古典杯裝盛

你的印象
(味道、強度、持續度……)

品酒分數：…../5

品酒分數：…../5

品酒分數：…../5

最後，如果可以的話，請製作一杯黑色賽澤瑞克。

第三十六課與第三十七課 **練習題**

練習一 訓練自己！

來練習當前最常被重新演繹的開胃調酒——內格羅尼！目標是製作三款內格羅尼的酒譜並進行分析，以辨別當代變化版產生的差異。

<table>
<tr>
<td align="center">

經典內格羅尼
（1920 年代）
材料
25ml 琴酒
25ml 紅香艾酒
25ml 金巴利
調製方法
在裝滿方冰塊的古典杯直調，
或使用古巴滾動法。
噴附柳橙皮油，皮捲投入酒杯，
或是用半片柳橙作裝飾。

</td>
<td align="center">

白內格羅尼
（2002 年）
材料
60ml 琴酒
25ml 白麗葉酒
15ml 蘇茲龍膽利口酒
調製方法
攪拌法，用冰鎮的大碟型
香檳杯裝盛。噴附檸檬皮油，
將皮捲掛在杯緣。

</td>
<td align="center">

內格羅尼法國海外版
（2015 年）
材料
35ml 陳年農業蘭姆酒
25ml 金巴利
25ml 紅香艾酒
6 滴皮康橙香開胃酒
調製方法
攪拌法或以橡木桶陳釀。噴附柳
橙皮油，皮捲投入酒杯。

</td>
</tr>
</table>

你的印象
(味道、強度、持續度……)

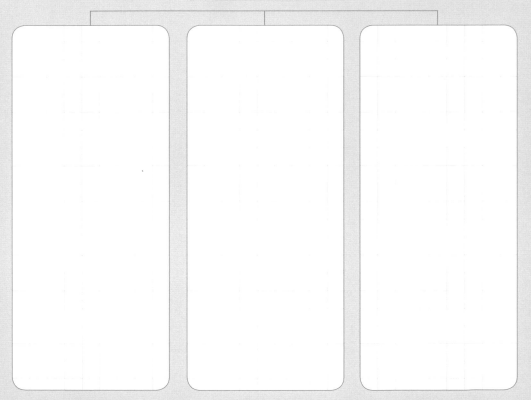

品酒分數： …../5   品酒分數： …../5   品酒分數： …../5

餐後雞尾酒

● 皮爾史汀格 Byrrh Stinger　● 貧民百萬富翁 Slumdog Millionaire
● 可可利馬 Coco Lima　● 濃縮咖啡馬丁尼 Espresso Martini
● 布列塔尼反烤蘋果塔 Breizh Tatin　● 野格的盆花 Jager's Blumtof
● （幾乎）讓我的腦袋開花（Almost）Blow My Skull of

無論是製作簡單或繁複、
辛辣或是綿密口感，
這些雞尾酒都是完美的餐
後酒。薄荷、可可或咖啡
與蘭姆酒、干邑白蘭地和
伏特加交融一起。

皮爾史汀格

起源

由朱利安・埃斯科創造，2014 年
他在某次參觀蒂爾的皮爾酒酒窖
時發想出這款酒，並在蒙彼利埃
的雙倍老爸（Papa Doble）酒吧
調配而成。

材料

• 50ml 皮爾苦味開胃酒
• 20ml 吉法薄荷酒
• 4 至 6 片新鮮薄荷

調製方法

搖盪法：請雙重過濾。

酒杯

冰鎮的小碟型香檳杯

冰塊類型

不需要

裝飾物、妝點食材

1 株薄荷葉。

雞尾酒品飲

史汀格（干邑白蘭地、薄荷酒）
是最容易調製的餐後雞尾酒之
一，因為它只含有兩種成分。它
可以在古典杯直調或用搖盪法，
再用小碟型香檳杯裝盛。一般而
言，史汀格的變化版以蒸餾酒為
基酒；皮爾史汀格的獨特之處在
於，用一種葡萄酒為基底的開胃

酒取代干邑白蘭地，這讓調酒口
感變得大幅輕盈、更容易入口，
同時保留皮爾史汀格的清爽。皮
爾史汀格非常適合當作餐後酒，
不過也可以在餐前飲用。

> ## 經典史汀格
> ### Stinger Classic
>
> 搖盪法或攪拌法，用小碟
> 型香檳杯裝盛。
>
> • 50ml 尚 - 呂克・柏斯卡
> 　有機 4 年干邑白蘭地
> • 20ml 薄荷酒

布列塔尼反烤蘋果塔 Breizh Tatin

全新創作

起源

由羅倫・卓夫（Laurent Jouffe）2017 年在雷恩 La Grappe 酒吧創造。2006 年，我和羅倫・卓夫一起搖出了我的第一杯黛綺莉，他是我的第一個指導者。他是一位非常有經驗的調酒師，贏得了無數比賽，包括 1986 年殿堂級的史考特盃（法國最佳年輕調酒師大賽）。我請他為本書創作一杯當代的雞尾酒。布列塔尼反烤蘋果塔重新演繹了著名的甜點，不過是以液態方式，並且只使用在地產品，如鹹味焦糖香甜酒（產於雷恩），或地區性的產品，如來自拉尼翁（Lannion）瓦倫海姆（Warenghem）釀酒廠的優質布列塔尼蘋果酒，或是吉法產自靠近昂熱的阿夫里萊（Avrillé）的產品。使用當地或地區性生產的產品越來越普遍，難以相信 10 年前，調酒師幾乎都是使用國際烈酒品牌。

材料

- 40ml 瓦倫海姆優質布列塔尼蘋果酒
- 15ml 吉法酸蘋果利口酒
- 15ml 菲瑟利爾（Fisselier）鹹味焦糖香甜酒
- 1 大吧匙濃稠鮮奶油
- 10ml 肉桂糖漿

調製方法

搖盪法

酒杯

冰鎮大馬丁尼杯

裝飾物、妝點食材

撒上肉桂粉，加上 1 片 Gavottes 法式薄餅。

雞尾酒品飲

適合餐後飲用的雞尾酒。這道配方乍看之下非常甜膩，但別搞錯了，這調酒可是取得完美平衡。優質布列塔尼蘋果酒比看起來更充滿活力，也令人驚奇，它和酸蘋果利口酒的融合效果極佳！鹹味焦糖香甜酒和肉桂糖漿帶入一股額外香氣。最後一點，這款短飲的口感實在太滑順了，這杯調酒令人感到非常愉悅。需要的話，你可以用卡爾瓦多斯取代布列塔尼蘋果酒。

第三十八課

貧民百萬富翁

起源

由約安・拉扎雷斯所創。

> 約安的靈感來自「2009 年在倫敦酒吧秀（Boutique Bar Show）舉辦的『甘蔗之花』（Flor de Cana）比賽中調製了這款雞尾酒，並獲得了國家獎第 3 名。競賽時取名為『慢陳百萬富翁（Slow Aged Millionaire[35]）』。而後在倫敦 Soho 區 Akbar 的酒單更名為『貧窮百萬富翁』。」

材料

- 50ml 甘蔗之花 18 年蘭姆酒（尼加拉瓜）
- 20ml 吉法頂級巴西香蕉利口酒
- 15ml 紅辣椒泡製的杏仁糖漿
- 4 顆綠荳蔻籽

調製方法

搖盪法

酒杯

冰鎮的小碟型香檳杯

冰塊類型

不需要

裝飾物、妝點食材

不需要

雞尾酒品飲

這是一款濃烈又美味的調酒。它的基底非常有趣，陳年蘭姆酒和杏仁的組合恰恰好（就如邁泰一樣）。如果你沒有甘蔗之花 18 年蘭姆酒，仍然可以用不低於 12 年的陳釀蘭姆酒製作這款雞尾酒，例如阿普爾頓蘭姆酒。蘭姆酒也可以用頂級的 VSOP 干邑白蘭地代替，干邑和杏仁糖漿的組合也很不賴，就像日本雞尾酒一樣。請優先選擇濃郁和清爽的干邑白蘭地。最後，吉法頂級巴西香蕉利口酒為這款短飲帶來異國情調。每一口入喉的調酒都超脫凡塵。

可可利馬

起源

由朱里安・洛佩創作，他在 2012 年的老爺巴拿馬大賽（Battle Abuleo）中奪下法國冠軍。

材料

- 30ml 老爺巴拿馬 7 年蘭姆酒
- 20ml 液態低脂鮮奶油（含脂 5%）
- 20ml 椰奶
- 15ml 吉法白可可香甜酒
- 10ml 迪莎蘿娜杏仁香甜利口酒

調製方法

搖盪法

酒杯

冰鎮的大碟型香檳杯

冰塊類型

不需要

裝飾物、妝點食材

零陵香豆（Tonka bean）磨粉。

雞尾酒品飲

非常適合當餐後酒的調酒短飲，椰奶和鮮奶油的調和為這款雞尾酒帶來了完美質地。

自製食譜

紅辣椒泡製的杏仁糖漿：將半根紅色鳥眼辣椒切絲，浸泡在糖漿 48 小時，最後將糖漿用濾斗過濾至滅菌瓶。存放於陰涼處數個禮拜。

濃縮咖啡馬丁尼

起源

由迪克・布拉德塞爾（Dick Bradsell）於 1984 年在倫敦 Soho 區的弗雷德俱樂部創造。據說迪克是為一名光臨酒吧的名模特地調了這款雞尾酒，她要求喝一杯能提振精神的飲料：「讓我清醒，又灌醉我的一杯酒。」。一開始，這杯酒是以「藥用興奮劑」（Pharmaceutical Stimulant）之名廣為人知。當迪克在諾丁山的一家著名餐酒館「藥房」（The Pharmacy）工作時，這杯酒用古典杯裝盛，裡面加入冰塊。在 1990 年代，為了要能在國際流行普及而更名。10 多年來，已變成一款當代經典調酒。

材料

- 35ml 維波羅瓦伏特加
- 12.5ml 卡魯哇咖啡利口酒
- 12.5ml 堤亞瑪麗亞 Tia Maria 咖啡利口酒（牙買加）
- 1 杯濃縮咖啡

調製方法

搖盪法：請雙重過濾。

酒杯

冰鎮大馬丁尼杯

冰塊類型

不需要

裝飾物、妝點食材

3 顆咖啡豆

雞尾酒品飲

雖然這款雞尾酒可以作為餐後酒享用，但夜貓子們大多在夜晚酌飲濃縮咖啡馬丁尼。如果你找不到堤亞瑪麗亞咖啡利口酒，調製這款雞尾酒時可以不加，需要的話可加入 5 ml 糖漿。

[35] 譯註：Slow-Aged 為生產甘蔗之花蘭姆酒的一種自然的陳釀技術

野格的盆花

起源

所謂的野格（Jägermeister），可不是在說獵人大師[36]，而是指著名的野格什麼炸彈（Jäger Bomb），這是一種威力驚人的調酒，它將一杯 shot 的野格利口酒倒入裝有能量飲料的酒杯中，後者是學生們最喜歡的飲料，但誰沒有喝過呢？雖然這款利口酒和俱樂部、酒吧有密切關聯，但它的水準很高，很少僅使用於調酒。所以我詢問了莎拉·杜斯（Sarah Deuss，2015 年被選為德國最佳的年輕調酒師）是否能為這本書給我一道她的酒譜，結果真不是蓋的！

莎拉的靈感

「2017 年，我在斯圖加特一家酒吧舉辦的一場提基雞尾酒活動上，調製了這款雞尾酒。我們是一群調酒師和野格利口酒大使，想找出一款德國提基酒。德國名的意思為『盆花獵人』。」

材料

- 25ml 墨萊特兄弟調和干邑白蘭地
- 25ml 野格利口酒
- 20ml 吉法薄荷酒

野格利口酒：1934 年由一位獵人大師創造的德國苦味利口酒，它包含近 60 種草藥、花卉、植物的根和果實，在水和酒精的混合液中浸泡 5 個禮拜。浸泡液隨後存放在橡木桶中長達 1 年，1 年後再摻混酒水和加糖。它的酒精濃度為 35%。

調製方法

將配料倒入裝盛的酒杯中，在酒杯裝滿碎冰並用吧叉匙攪拌幾秒鐘。補滿碎冰，使飲料變得均勻，以調理機打碎的餅乾鋪在碎冰上（目的是表現出花盆中的表土），最後用薄荷枝裝飾即可上桌。

酒杯

古典杯

冰塊類型

碎冰

裝飾物、妝點食材

用食物調理機打碎的餅乾、1 株薄荷葉、2 根吸管。

雞尾酒品飲

混合這 3 種材料的點子實在太棒了！薄荷酒帶來了任何一款美味雞尾酒都不可缺少的甜味和清爽，干邑白蘭地為這款雞尾酒注入強度和綿延的後味，最後野格利口酒添加苦味和香料味，取得完美的平衡。這杯由莎拉以提基精神調製的「盆花獵人」，你可以把它當作餐後酒飲用，只需用攪拌法調製並過濾至冰鎮的小碟型杯。

（幾乎）讓我的腦袋開花

起源

這是另一款含有野格利口酒的當代調酒，由蓋瑞·雷根（Gary Regan）和瑪蒂·海丁·雷根（Mardee Haidin Regan）為大衛·旺德里奇的著作《飲！》所創作。蓋瑞·雷根是美國酒吧界活生生的傳奇人物，因其在調酒方面的專業知識而享譽全球。他創造了柑橘風味的「雷根苦精」（Regan's Bitters），並在 2003 年出版《調酒的樂趣》（Joy of Mixology），一本調酒師專用的雞尾酒聖經。大衛·旺德里奇自他的著作出版以來，一直是廣受讚譽的調酒歷史學家，他的作品於 2008 年在殿堂級的雞尾酒節「調酒的故事」（Tales of the Cocktails）中被選選為最佳雞尾酒專書。這是奧爾良一年一度的盛會，獎勵在國際上業界的活躍人物。

材料

- 60ml 軒尼詩 VS 干邑白蘭地
- 15ml 野格利口酒
- 15ml 墨萊特葡萄園蜜桃香甜酒

調製方法

攪拌法

酒杯

冰鎮的小碟型香檳杯

裝飾物、妝點食材

不需要

雞尾酒品飲

這款雞尾酒既簡單又複雜：將野格利口酒勾兌干邑白蘭地和蜜桃香甜酒，這點子太棒了，調出的成果無比美味。它是一種絕佳的賞味雞尾酒，可作為餐前酒或餐後酒享用。

---

[36] Jäger 在德文是獵人之意。

非典型雞尾酒

● **諾曼第之吻 Kiss from Normandy**　● **摩爾人二號 Mauresque n° 2**
● **噴火戰鬥機 Spitfire**　● **核彈 El Nuclear**　● **蜜桃潘趣酒 Peach Punch**

這些雞尾酒是成分和口味的驚人混搭：酒精、果味、酸味、苦味在此融合一起，並且保留美味的雞尾酒所需要的穩定度。

諾曼第之吻

起源

2008 年，我在倫敦為英國調酒師協會 UKBG（United Kingdom Bartender Guild）所組織的全球卡爾瓦多國際大賽，調製了這款雞尾酒。諾曼第之吻在倫敦霍克斯頓寶馬（Hoxton Pony）酒吧獲得全國第 2 名。

材料

- 45ml 阿波瓦莊園珍藏卡爾瓦多斯
- 25ml 聖杰曼接骨木花利口酒
- 5ml 魯坦鹹味焦糖糖漿
- 2 串紅醋栗
- 65ml 有機梨子汁

調製方法

將紅醋栗和焦糖糖漿一起倒入小杯中，加入其他配料。底杯加入方冰塊至三分之二滿，蓋緊上下杯，用力搖晃十秒鐘，以隔冰匙過濾冰塊，將酒液倒入裝盛的酒杯中。裝飾後即可上桌。

酒杯

高球杯

冰塊類型

2 顆方冰塊

裝飾物、妝點食材

蘋果扇、紅醋栗，附上兩支吸管。

雞尾酒品飲

含果香、微酸，清爽解渴，隨時皆可飲用的長飲。藉由調製這款雞尾酒，我的願望是盡可能讓越多的人能夠調出以卡爾瓦多斯為基酒的原創雞尾酒。諾曼底之吻在法國和國外都贏得了獎項，這是一款季節性的調酒，在酒吧的酒單中也一直受到好評。把這些材料找來吧，你不會失望的：卡爾瓦多斯和聖杰曼接骨木花利口酒搭配起來是天作之合。被焦糖糖漿降低酸澀的紅醋栗口感細緻。優先選擇梨子汁而不是梨子蜜，這會產生截然不同的成品！

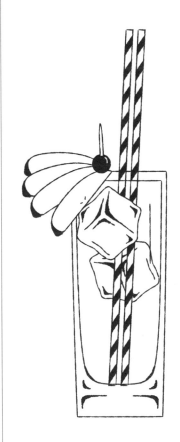

摩爾人二號

起源

由紀堯姆·費羅尼（Guillaume Ferroni）於 2015 年在馬賽的凱瑞納辛（Carry Nation）酒吧創作，適逢 2014 年分茴香酒的上市──因為這款酒是隔一年裝瓶的。

材料

2 或 3 杯份量：

- 30ml 克里紹城堡（Château des Creissauds）茴香酒
- 20ml 鮮榨檸檬汁
- 20ml 杏仁糖漿
- 90ml 礦泉水
- 1 條未上蠟的檸檬皮捲
- 3 片檸檬馬鞭草

備註 檸檬馬鞭草不太容易取得，我建議可以用當季更容易找到的檸檬香茅取代。若是用後者，將莖稈縱向切成兩半，並在雪克杯中放入 4 條莖稈以便散發其風味。調製方法是在雪克杯上蓋倒入少許水，用力搗壓檸檬皮捲。加入檸檬馬鞭草，搗壓葉子，然後加入其他材料。底杯加入方冰塊至三分之二滿，蓋緊上下杯，搖晃 10 幾秒，用隔冰匙濾掉冰塊，將酒液倒入裝滿冰塊的古典杯，裝飾後即可上桌。

酒杯

古典杯

冰塊類型

方冰塊

裝飾物、妝點食材

八角茴香、檸檬馬鞭草。

♥：約恩的最愛

年分釀造茴香酒

克里紹城堡年分釀造茴香酒：釀製克里紹城堡茴香酒必須花費十八個月的時間。克里紹城堡鄰近普羅旺斯省的馬賽，是一間經營了超過百年的葡萄酒莊園。紀堯姆·費羅尼是莊園的主人且是烈酒領域知識淵博的創作者，他繼承這些遺產，以自己的方式致力於重新打造古老或失傳的烈酒。他的創新之處在於將古傳方法運用於當代烈酒，生產出獨具特色的酒。每年 4 月至 10 月期間，莊園會親手採摘製作茴香酒的新鮮芬芳植物。這些植物隨後會放入酒甕，浸泡在高濃度的酒精中。每株植物都經過個別和獨一無二的浸泡。隨後將不同的浸漬酒組裝起來，放在橡木桶中靜置 1 年。在靜置 1 年的時間中，香氣將完美融合，酒莊會再加入甘草和茴香精華。在提煉出最後的濃縮原液後，會產生細緻的著色。經過最後的陳放，新的年分酒便這樣在酒莊裝瓶後誕生。

草本植物：茴香、鋪地百里香、大茴香、小茴香、牛至、檸檬馬鞭草、香薄荷、辣薄荷、留蘭香綠薄荷、百里香、鼠尾草、牛膝草、香桃木、月桂、墨角蘭、迷迭香、洋甘菊、檸檬香草、八角、洋甘草。

雞尾酒品飲

摩爾人二號是清新爽口的雞尾酒。茴香的草本植物香味非常宜人。這是一道簡單又口感複雜的酒譜：不同材料組成了酒的醇厚芳香。這款變化版本比經典版的口感更複雜，是賞味型的調酒。

噴火戰鬥機 ♥

起源

2010 年由東尼·科尼格里亞羅（Tony Conigliaro）在倫敦創作。噴火戰鬥機是紐約酸酒的一個現代變化版本。

材料

- 40ml 墨萊特兄弟調和干邑白蘭地
- 10ml 墨萊特葡萄園蜜桃香甜酒
- 25ml 鮮榨檸檬汁
- 15ml 糖漿
- 1 顆蛋白
- 20ml 不甜白酒

調製方法

把前 5 種材料倒入小雪克杯，然後使用乾搖盪法（參見第五課）。最後注入一層白酒漂浮（如紐約酸酒的方式），裝飾後即可上桌。

酒杯

冰鎮大碟型香檳杯

冰塊類型

不需要

裝飾物、妝點食材

檸檬皮捲噴附皮油後丟棄。

雞尾酒品飲

含有果香味，酸酸甜甜。

核彈 El Nuclear

起源

2014 年，因應聖馬洛的「蘭姆之路 ³⁷」（Route du Rhum）賽事，我與我的調酒學生在雷恩技職學院的一堂雞尾酒課中，一起調製了這款長飲。為了改變傳統殖民者派對酒的口味，我們找尋花香和植物的風味，同時保留法屬安的列斯群島非常受歡迎的水果味。我們在開賽前一天的一堂研習課上調出了核彈，它是如此受歡迎，以至我們喝得一乾二淨！

提醒：伊扎拉（Izarra）可以取代馬鞭草利口酒。

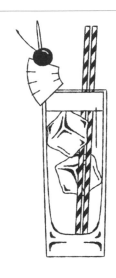

材料	調製方法	冰塊類型
• 45ml 瓜德羅普島達莫索農業 55°白蘭姆酒	搖盪法	2 顆方冰塊
• 15ml 伊扎拉綠酒	**酒杯**	**裝飾物、妝點食材**
• 10ml 糖漿	高球杯	鳳梨乾、酒漬櫻桃。
• 10ml 鮮榨萊姆汁		
• 少量 1 抖振蛋白（自選）		
• 80ml 新鮮鳳梨汁		

伊扎拉綠酒：1906 年生產、源自巴斯克的利口酒，由 16 種植物和香料組成，以其植物、薄荷和茴香的味道為特色。

雞尾酒品飲

「核彈」引用自 2005 年發明於倫敦 LAB 酒吧的「核彈黛綺莉」（參見第四十課），但這是一款長飲版本，它使用 55°農業白蘭姆酒代替高濃度的蘭姆酒，並且用伊扎拉綠酒代替綠色夏特勒茲。加入蛋白之後，口感近似於鳳梨可樂達，為雞尾酒增添輕盈感。核彈已經通過許多吧台酒單的考驗，它是一款具異國情調、果味、草藥味和後勁驚人的雞尾酒！

³⁷ 著名的跨洋航海帆船賽。

蜜桃潘趣酒 Peach Punch

起源

2008 年在倫敦 Soho 區的牛奶與蜜酒吧發現這款酒。這杯美味的飲料並不知名,但卻是我在這章節最愛的酒譜。自 2010 年以來,我在法國的許多機構和許多活動中廣發這道酒譜。一如大名鼎鼎的羅勒斯瑪旭般,品嚐過這杯酒的人總是眾口一致說:好喝到難以置信!

蜜桃潘趣酒的特色在於,這是一種酒精濃度極低的雞尾酒。它名列在著名倫敦地下酒吧創造或普及的一長串調酒清單上:如盤尼西林、倫敦呼喚、商業(The Business)等雞尾酒……。

材料

- 25ml 艾普羅
- 25ml 不甜白酒
- 25ml 墨萊特葡萄園蜜桃香甜酒
- 5ml 糖漿
- 25ml 鮮榨檸檬汁
- 1 顆蛋白

調製方法

乾搖盪法

酒杯

葡萄酒杯

冰塊類型

方冰塊

裝飾物、妝點食材

以當季水果裝飾,附上 2 根吸管。

雞尾酒品飲

口味清淡、低酒精濃度、帶有果香和清爽的雞尾酒,隨時可飲用。

草本和煙燻風味雞尾酒

● 祖母的花園 Le jardin de mémé　● 核彈黛綺莉 Nuclear Daiquiri
● 老古巴人 Old Cuban　● 哥倫比亞女巫 La hechicera
● 盤尼西林 Penicillin　● 一脫成名 Naked and famous

這些調酒因其特殊成分，聞起來帶有花卉、草本、香料或甚至是煙燻味：夏特勒茲、羅勒和苦蒿被涵括在配方中。

祖母的花園

起源

由喬許・封丹（Josh Fontaine）在巴黎坎德拉里亞（Candelaria）酒吧發明。雖然這家雞尾酒吧以其精選的墨西哥風味調酒聞名，但這家店其實偏愛香草和草本利口酒。祖母的花園是一款巴黎雞尾酒，很快地便在調酒界占有一席之地。這款雞尾酒完全是一款當代酒譜，結合了酒吧的經典酒（綠色夏特勒茲）以及現代利口酒（聖杰曼接骨木花利口酒）。拿掉羅勒葉和苦酒，它就是一款好喝的酸酒，但這兩種額外成分為它提升新的層次。自 2011 年以來，喬許・封丹和卡琳娜・索托・貝拉斯克斯（Carina Soto Velasquez）同樣肩負國際上代表法國酒吧的榮耀，每年在奧爾良享有盛譽的雞尾酒節「調酒的故事」上，躋身世界最佳雞尾酒酒吧之列。

材料

- 40ml 綠色夏特勒茲
- 15ml 聖杰曼接骨木花利口酒
- 25ml 萊姆汁
- 5ml 糖漿
- 2 抖振佩諾苦艾酒
- 3 片羅勒葉
- 1 顆蛋白

調製方法

搖盪法

酒杯

冰鎮大碟型香檳杯

冰塊類型

不需要

裝飾物、妝點食材

1 片羅勒葉

雞尾酒品飲

一款適合夏季傍晚或晚會飲用的雞尾酒，夏特勒茲的植物和草本氣息，與聖杰曼接骨木花利口酒的甜美果香和花香是天生絕配。羅勒葉是一種香氣濃郁的香草，對這杯飲料可是再適合不過了，

我們至少可以說，祖母的花園之名取得非常貼切！

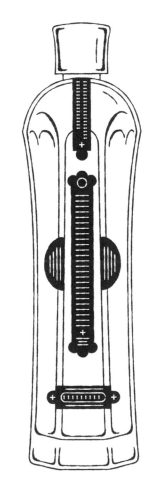

一脫成名 Naked and Famous

起源

由喬金・西蒙（Joakim Simon）於 2012 年
在紐約創造。梅斯卡爾和龍舌蘭是 21 世紀
受調酒師高度讚賞的現代烈酒。一脫成名
是以梅斯卡爾為基酒最知名的 3 款調酒之
一，與梅斯卡爾騾子和梅斯卡爾古典雞尾
酒齊名。

材料

- 25ml 梅斯卡爾
- 25ml 黃色夏特勒茲
- 25ml 艾普羅
- 25ml 鮮榨萊姆汁

調製方法

搖盪法

酒杯

冰鎮大碟型香檳杯

冰塊類型

不需要

裝飾物、妝點食材

不需要

雞尾酒品飲

為適合餐前飲用的雞尾酒。嗆辣、酸澀、香氣濃厚，且具有煙燻味和微微鹹味，這款雞尾酒完
美平衡所有風味，喜歡這類型的酒饕會非常對味。

核彈黛綺莉

起源

倫敦調酒學院 LAB（London Academy of Bartending）於 2015 年在 Soho 區創造的特色雞尾酒。

材料

- 25ml 牙買加 65% Rum-Bar 蘭姆酒
- 22.5ml 綠色夏特勒茲
- 0.75ml 法勒南利口酒
- 25ml 鮮榨萊姆汁

備註 原始配方是以牙買加雷 & 侄子蘭姆酒（63%）為基酒，這是第一款真正在市場推出的高濃度蘭姆酒。

調製方法

搖盪法

酒杯

冰鎮小碟型香檳杯

冰塊類型

不需要

裝飾物、妝點食材

不需要

雞尾酒品飲

如果你喜歡濃郁的雞尾酒，那麼核彈黛綺莉會讓你大感驚豔：它是一款需要冰涼飲用的短飲，口感強勁有力、微酸，帶有濃烈草本香氣的尾韻。對我的口味而言，這道酒加入 5ml 糖漿，會更加討喜。

調飲變化

試著調製核彈黛綺莉，並用普雷森 69% OFTD（古典傳統黑色，Old Fashioned Traditionnal Dark）蘭姆酒取代牙買加 Rum-Bar 蘭姆酒。你不會失望的，它賦予黛綺莉更豐富的蔗糖、辛香和具木質香的風味。

盤尼西林

起源

由山姆·羅斯（Sam Ross）2005 年在紐約創造。盤尼西林是第一款含有泥煤威士忌的當代調酒。2008 年，我在倫敦的牛奶與蜜發現這道酒譜。這是蘇格蘭酸酒的改良版。這款雞尾酒的困難之處在於威士忌的選擇，我把我的標準酒譜分享給你，但我會讓你按照自己喜好，加入多或少一點的泥煤威士忌來調配。

材料

- 60ml 威海指南針水果小丑調合威士忌
- 10ml 蜂蜜糖漿
- 10ml 自製薑味糖漿
- 20ml 鮮榨檸檬汁
- 5ml 卡爾里拉 12 年單一麥芽威士忌（43%）

調製方法

在雪克杯上蓋倒入威士忌、檸檬汁和兩種糖漿。底杯加入方冰塊至三分之二滿，蓋緊上下杯用力搖晃，直到杯身變得冰涼。然後取隔冰匙過濾冰塊，雞尾酒倒入裝滿冰塊的威士忌杯。再輕輕倒入 1 吧匙的卡爾里拉泥煤威士忌，裝飾後即可上桌。

酒杯

古典杯

自製食譜

蜂蜜糖漿：準備三分之二份的蜂蜜和三分之一份水，開小火慢慢攪拌，讓蜂蜜融化均勻。只能存放於陰涼處幾天。

薑味糖漿：將 250ml 的新鮮生薑汁與 250g 細砂糖一起攪拌（直至溶解均勻）。存放陰涼處最多 1 個禮拜。

冰塊類型

方冰塊

裝飾物、妝點食材

糖漬薑片

雞尾酒品飲

盤尼西林是一款微酸、具清爽口感，帶有辛辣和煙燻香氣的短飲。盤尼西林一如其名，吸引這類型愛好者的味蕾。

哥倫比亞女巫

起源

2016 年，我為了哥倫比亞女巫蘭姆酒的上市，創作這款調酒。

材料

- 40ml 女巫蘭姆酒（哥倫比亞）
- 20ml 鮮榨柳橙汁
- 10ml 加利安諾香草利口酒
- 10ml 薩瓦蒿酒
- 2 抖振哈瓦那咖啡香精
- 1 滴墨西哥莫雷醬（Mole）苦精

薩瓦蒿酒（Génépi de Savoie）：藉由浸泡和蒸餾蒿草枝（來自阿爾卑斯山的山地植物）而萃取出來的薩瓦傳統開胃型利口酒，酒精濃度含有 40%。

調製方法

搖盪法

酒杯

冰鎮大碟型香檳杯

冰塊類型

不需要

裝飾物、妝點食材

噴附柳橙皮油，然後用一個小酒針將皮捲固定於杯緣。

雞尾酒品飲

這杯調酒的色澤真的美極了，這是一杯口感清爽的短飲，帶有香草、柳橙、咖啡焦味和香料的香氣。隨時皆可飲用。

老古巴人 Old Cuban

起源

由奧黛莉‧桑德斯（Audrey Saunders）
於 2007 年在紐約勃固俱樂部發明。奧黛莉
‧桑德斯是過去 10 年美國人氣最高的調酒
師。多虧她，我們才有了這款美妙的莫希
托變化版。老古巴人同樣在倫敦風行，短
短幾年就成為了當代經典雞尾酒。

材料

- 50ml 哈瓦那俱樂部 7 年蘭姆酒
- 20ml 鮮榨萊姆汁
- 20ml 糖漿
- 10 至 12 片薄荷葉
- 1 抖振安格仕苦精
- 適量冰鎮不甜香檳

調製方法

在雪克杯上蓋放入薄荷、糖
漿和檸檬，用力搗壓，然後
加入蘭姆和苦精。雪克杯底
杯加入方冰塊至三分之二滿，
蓋緊上下杯，用力搖晃 10 至
12 秒，取隔冰匙濾掉冰塊並
用細密濾網雙重過濾，酒液
倒入裝盛的酒杯中。輕輕補
滿香檳，取吧叉匙攪拌幾秒
鐘，裝飾後即可上桌。

酒杯

冰鎮大碟型香檳杯

冰塊類型

不需要

裝飾物、妝點食材

1 株薄荷葉

雞尾酒品飲

如果你是莫希托的粉絲，那麼這個當代變奏版極有可能讓你驚為天人。老古巴人是一款以搖盪
法搖製的莫希托，上面補滿冰涼的不甜香檳。如果調製得好，這杯短飲將比原始酒譜的口感更
加複雜。如果一杯莫希托必須是「尊貴不凡」的話，它或許稱為「老古巴人」。

柑橘風味雞尾酒

● 英倫風情 So British　● 西西里柑橘 Sicilian Mandarine
● 倫敦呼喚 London Calling　● 搖擺 Wibble　● 早餐馬丁尼 Breakfast Martini

葡萄柚、檸檬、柳橙……這些調酒帶來清新和酸甜口感，並大幅提升了調酒界中少見的某些成分，例如茶。

英倫風情

起源

由麗茲飯店調酒師奧蕾莉・佩澤（Aurélie Pezet）調製，2012年她奪得英人琴酒 Beefeater 24 調酒大賽（The Perfect Host Beefeater 24）的法國冠軍。

> **奧蕾莉的靈感**
>
> 「我為英人牌琴酒舉辦的『英人琴酒 Beefeater 24 調酒大賽』調製了這款雞尾酒。主題是以酒和茶調出一款酒。英人 24（Beefeater 24）對我來說是倫敦的體現，因此我很自然地聚焦在格雷伯爵茶。關於沖泡的時間，我的靈感來自英人24 的『完美時間 [38]』。」

材料

* 50ml 以格雷伯爵茶泡製的英人 24 琴酒
* 10ml 鮮榨萊姆汁
* 20ml 鮮榨粉紅葡萄柚汁
* 20ml 接骨木糖漿

英人 24 琴酒：2018 年 11 月上市的英人牌琴酒的當代酒款，在倫敦肯寧頓（Kennington）釀酒廠釀造。為了調製這款新的琴酒配方，英人牌從伯勒家族的根源汲取靈感。品牌創始人詹姆斯・伯勒（James Burrough）的父親是一個知名的利口酒和茶葉商人。研發英人 24 的師父於是有了將茶納入配方的點子，並在原含九種材料的傳統英人琴酒中，再加入一種柑橘類水果。中國綠茶、日本煎茶和葡萄柚皮為新配方包含的 3 種新成分。最後，「24」的數字對應的是蒸餾的時間 [39]，酒精濃度 45%。

以格雷伯爵茶泡製的英人 24 琴酒：以冷泡方式，將 15 克茶葉放入 1 公升的琴酒，靜置 30 分鐘，而後濾出茶葉即完成。

調製方法

搖盪法

酒杯

大冰鎮碟型香檳杯

冰塊類型

不需要

裝飾物、妝點食材

粉紅葡萄柚皮噴附皮油

雞尾酒品飲

英倫風情是一款非常生津解渴的夏季調酒，全天皆可飲用。琴酒和茶的結合非常有趣，因為這能夠以不同形式挖掘茶的風貌。

---

[38] 英人 24 的數字代表浸潤植物與茶葉的 24 小時。

[39] 此處有誤，數字 24 對應的是浸潤植物與茶葉的 24 小時，而非蒸餾時間（8 小時）。

早餐馬丁尼 Breakfast Martini

起源

由薩爾瓦多雷・卡拉布雷斯於 1999
年在倫敦創作。我在「大師」（酒
吧業界對他的暱稱）於倫敦的某次
表演中發現了這杯調酒。據說薩爾
瓦多雷・卡拉布雷斯為他妻子準備
早餐的時候，構思出這款調酒！調
酒的名字大大促成它在 2000 年代的
成功。薩爾瓦多雷也是英國過去 20
年最具影響力的酒吧業界人物。

材料

- 50ml 英人牌琴酒
- 15ml 君度橙酒
- 15ml 鮮榨檸檬汁
- 2 吧匙柑橘果醬

調製方法

雪克杯上蓋倒入柑橘果醬、檸
檬汁和君度橙酒，全部攪拌均
勻，而後加入琴酒。雪克杯底
杯加入冰塊至三分之二滿，搖
晃內容物，以隔冰匙濾掉冰
塊，再用細密濾網雙重過濾。
裝飾後即可上桌。

酒杯

冰鎮小馬丁尼杯

冰塊類型

不需要

裝飾物、妝點食材

噴附柳橙皮油後丟棄皮捲；
或是烤土司 1 片，附上果醬。

雞尾酒品飲

早餐馬丁尼是適合在早晨或是午餐飲用的短飲，比起白色佳人（參見第二十九課），它較不甜
也較不酸澀。調酒成分裡的柑橘果醬讓一切截然不同；挑選一款優質的果醬，並記得將它與其
他成分攪拌均勻。

西西里柑橘

起源

2009 年我為倫敦 Soho 區的 Akbar 新酒單創作出這款調酒。

材料

- 30ml 金巴利
- 20ml 柳橙果皮泡製的維波羅瓦精餾伏特加
- 1 抖振加利安諾香草利口酒
- 1 抖振自製紅石榴糖漿
- 1 枝薄荷葉
- 25ml 鮮榨葡萄柚汁

自製食譜

柳橙果皮泡製的維波羅瓦精餾伏特加：在密封罐中倒入 700ml 優質伏特加，加入 15 至 20 片柳橙皮。靜置陰涼處 48 小時，濾出浸泡液的果皮（超過 48 小時，果皮會泡出苦味），然後裝瓶。這個自行泡製的酒液顏色十分美麗，它可以作為其他調酒的基酒。

調製方法

搖盪法：雙重過濾。

酒杯

冰鎮的古典杯

冰塊類型

1 顆球形冰塊

裝飾物、妝點食材

柳橙皮捲噴附完皮油後丟棄，以 1 株薄荷葉裝飾，不需要附上吸管。

雞尾酒品飲

你的味蕾將無法抗拒金巴利和葡萄柚的融合，以及薄荷和柑橘注入的活力和清新口感；最後，少許的加利安諾利口酒和紅石榴糖漿的味道，使這款短飲更加令人難以抵擋。

搖擺 Wibble

起源

這是另一款由傳奇人物迪克・布拉德塞爾創作的酒譜。如果搖擺沒有像荊棘和濃縮咖啡馬丁尼一樣享譽國際，肯定是因黑刺李琴酒（Sloe Gin）的緣故，在當時它除了英國以外的地區幾乎沒有經銷。我在某次休假時到經常造訪的玩家（1999 年由迪克・布拉德塞爾成立的倫敦雞尾酒吧），發現了這道配方。去買一瓶黑刺李琴酒為你的賓客調這款調酒，保證可大獲成功！

材料

- 25ml 普利茅斯黑刺李琴酒
- 25ml 鮮榨粉紅葡萄柚汁
- 25ml 普利茅斯杜松子酒
- 10ml 吉法黑莓香甜酒
- 10ml（不要費力擠壓）新鮮檸檬汁
- 5ml 糖漿

調製方法

搖盪法

酒杯

冰鎮大碟型香檳杯

冰塊類型

不需要

裝飾物、妝點食材

未上蠟檸檬皮捲噴附皮油後丟棄。

雞尾酒品飲

酸酸甜甜、富含果香、清涼解渴！你絕對可以輕鬆自在地品嚐這杯短飲。

倫敦呼喚 London Calling

起源

這款超棒的調酒是我這章節裡的
最愛之一。我在倫敦的「牛奶與
蜜」——2000 年中期最棒的雞尾
酒吧之一,發現了這款倫敦呼喚。
這是典型的牛奶與蜜酒譜風格,
無論是老派經典、當代還是創意
之作:它總是一道簡單的配方加
上一些意想不到的常見材料,例
如盤尼西林也是如此。遵守配方
的比例,你不會感到失望的。

材料

- 50ml 英人牌琴酒
- 10ml 菲諾雪莉酒
- 15ml 鮮榨檸檬汁
- 15ml 糖漿
- 2 抖振蘇茲柑橘苦精

調製方法

搖盪法

酒杯

冰鎮大碟型香檳杯

冰塊類型

不需要

裝飾物、妝點食材

噴附葡萄柚皮油,皮捲投入
酒杯。

雞尾酒品飲

這杯短飲很好喝,但必須充分搖晃(在雪克杯中冷卻)。倫敦呼喚酒如其名,每一口的酒都令
我想飛奔倫敦。

練習一 訓練自己！

德瑞克的莫希托、道地的古巴莫希托、老古巴人：透過這項練習來發現莫希托的演變。攪拌、搖盪，來比較看看！

德瑞克的莫希托

材料

10 至 12 片新鮮薄荷
25ml 鮮榨萊姆汁
20ml 糖漿
25ml 哈瓦那俱樂部 3 年蘭姆酒
25ml 卡沙夏
補滿清涼礦泉水

調製方法

在高球杯直調，輕輕搗壓前 5 項材料，在酒杯裝滿方冰塊，補滿清涼礦泉水，用吧叉匙攪拌後即可上桌。以 1 株薄荷葉裝飾，附 1 根湯匙，即可上桌。

道地的古巴莫希托

材料

10 至 12 片新鮮薄荷
1 至 2 顆萊姆榨汁
2 吧匙白砂糖
50ml 哈瓦那俱樂部 3 年蘭姆酒
方冰塊
補滿氣泡水

調製方法

直調法（參見莫希托調製技法一課）。以 1 株薄荷葉裝飾，附上 2 根吸管。

老古巴人

材料

10 至 12 片新鮮薄荷（帶頂芽）
20ml 鮮榨萊姆汁
20ml 糖漿
50ml 哈瓦那俱樂部 7 年蘭姆酒
1 抖振安格仕苦精
補滿冰鎮不甜香檳

調製方法

除了香檳以外，用搖盪法搖製（參見薄荷雞尾酒一課）。以 1 株薄荷葉裝飾。

你的印象
(味道、強度、持續度……)

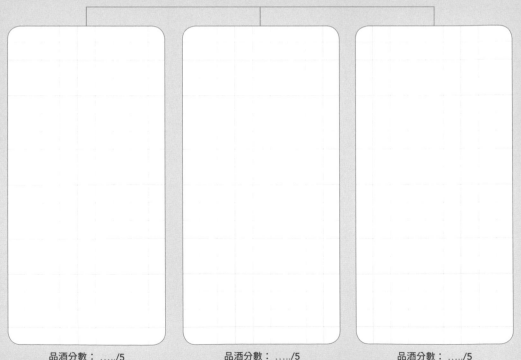

品酒分數：…../5　　　　品酒分數：…../5　　　　品酒分數：…../5

第一課 P28

練習一

❶ 碟型香檳杯

❷
 19 世紀 -
球型高腳杯

 20 世紀 -
馬丁尼杯

 21 世紀 -
碟型香檳杯

練習二

❶ 對　❷ 錯　❸ 錯　❹ 錯

練習三

殭屍：提基杯
自由古巴：高球杯
格羅格酒：托迪杯
琴通寧：白酒杯
側車：馬丁尼杯（小）
薄荷朱莉普：朱莉普杯
老廣場：古典杯
千里達雞尾酒：小碟型香檳杯

練習四

❶ 它用來品飲烈酒。
❷ 為了不讓雞尾酒的溫度上升。

第二課 P29

練習一

圍裙。吧叉匙。歐陸雪克杯。
三件式雪克杯。波士頓雪克杯。
攪拌杯。酸甜汁。檸檬榨汁器。
果汁壺

練習二

❶ 25ml ／ 50ml
❷ 無爪隔冰匙
❸ 由兩個金屬杯組合而成的波
士頓雪克杯
❹ 歐陸雪克杯
❺ 為了過濾以雪克杯調製的短
飲型且不附吸管的雞尾酒
❻ 做不同的調酒分量、攪拌、計
量、搗壓、刮掉濾網的果渣
❼　　　答案：選項一

第三課至四課 P36-37

練習一

❶ 選項二
❷ 否
❸ 方冰塊
❹ 否

❺ 攪拌法調製的雞尾酒
直接法調製的雞尾酒 → 200
克（5-6 顆冰塊）
搖盪法調製的雞尾酒 → 90
克（2-3 顆冰塊）

練習二

❶ 2cl=20ml
1.5cl=15ml
5.5cl=55ml
1oz=30ml
2oz=60ml
0.5cl=5ml
1.5oz=45ml
0.25cl=2.5ml
0.75cl=7.5ml
10 cl=100ml
❷ 5ml
❸ 7.5ml
❹ 2.5ml
❺ 25ml
❻ 選項 1 → 1oz/ 2oz
選項 2 → 25ml/ 50ml
選項 3 → 2cl/ 4cl
選項 4 → 1oz/ 2oz

練習三

❶ 使用酒嘴和量酒器的倒入法
❷ 使用酒嘴的直接倒入法

第五課 P56

練習一

攪拌法：布魯克林、龍舌蘭賽
澤瑞克、曼哈頓
混合法：鳳梨可樂達
古巴滾法：千里達雞尾酒
直調法：蘇茲古典雞尾酒、巴
黎司令、弗雷迪可林斯
乾搖盪法：加勒比海酸酒
分 3 步驟的直調法：薄荷朱莉普

練習二

❶ 一小塊方糖
❷ 方冰塊
❸ 對，因為這樣可以釋放出薄
荷香氣，提供必要的稀釋，
同時增添雞尾酒的清涼感。

第六課 P57-58

練習一

❶ 古巴蘭姆酒、牙買加蘭姆酒
、100% Agave 白龍舌蘭、
琴酒、裸麥威士忌、干邑白
蘭地（VS 或 VSOP 級）
❷ 蜜桃香甜酒、可可香甜酒、
瑪拉斯奇諾黑櫻桃利口酒、

綠色夏特勒茲 、薄荷酒、君
度橙酒
❸ 安格仕芳香苦精

練習二

清新爽口的雞尾酒：白色佳人
一號、小黃瓜高球雞尾酒

酸酸甜甜的雞尾酒：湯米瑪格
麗特、完美女人

果香型的雞尾酒：三葉草俱樂
部、尋血獵犬

苦味的雞尾酒：內格羅尼、艾
普羅斯比滋

生津解渴的雞尾酒：蘋果莫希
托、蘭姆可林斯

芳香濃烈的雞尾酒：曼哈頓、
蘭姆古典雞尾酒

微酸而不甜的雞尾酒：瑪格麗
特、側車

異國風情的雞尾酒：坎嗆恰辣、
邁泰

第七課 P59

練習一

春季：百香果、覆盆子、草莓、
櫻桃、荔枝
夏季：百香果、無花果、黑莓、
草莓、西瓜、蜜桃、覆盆子、
櫻桃、荔枝
秋季：石榴、血橙、鳳梨、葡
萄柚、蘋果、金桔、無花果
冬季：石榴、血橙、鳳梨、葡
萄柚、蘋果、金桔

第八課 P74

練習一

❶ 琴酒、檸檬角、薑汁汽水
❷ 琴酒、新鮮薄荷、萊姆汁、
糖漿、自製薑汁啤酒
❸ 琴通寧

練習二

百慕達：黑暗與風暴
美國：莫斯科騾子、梅斯卡爾
騾子
古巴：自由古巴
英國：琴霸克、牙買加騾子
法國：哈瓦那騾子

練習三

這項練習可以按照雞尾酒類別
製作，以便在相同的基底比較
長飲（僅改變基酒），或根據
你的喜好製作 3 種不同類別的

3 款長飲。例如：
- 愛爾蘭威士忌霸克（愛爾蘭
威士忌、檸檬角、薑汁汽水）
和琴霸克（琴酒、檸檬角、
薑汁汽水）
- 莫斯科騾子（伏特加、萊姆、
薑汁啤酒）和蘭姆騾子（古
巴蘭姆酒、萊姆、薑汁啤酒）
- 蘇格蘭威士忌高球（蘇格蘭
威士忌、氣泡水）和干邑白
蘭地高球（干邑白蘭地、薑
汁汽水）

第九課 P75

練習一

湯姆可林斯：老湯姆琴酒
喬瑞奇：裸麥威士忌
經典約翰可林斯：荷蘭琴酒
美味酸酒：布列塔尼蘋果酒或
卡爾瓦多斯蘋果白蘭地
歐陸酸酒：干邑白蘭地

練習二

❶ 倫敦
❷ 阿馬羅安格仕利口酒
❸ 費茲
❹ 拉莫斯琴費茲

練習三

- 加入蛋白
顏色、鮮豔、質地：令人非常
舒服的奶油滑順質地，這杯雞
尾酒看起來讓人垂涎欲滴，帶
有蜜色、金色、蛋白霜的色澤
……
味覺的差異：口感柔和，甜味
和酸度完美平衡，質地柔滑，
容易品嚐。
氣味的差異：雞尾酒散發出的
清新氣息，是以均勻打發的蛋
白和略帶木質香、煙燻、香草
的威士忌香氣為特色。

- 不加蛋白
顏色、鮮豔、質地：蜜色、金
色，雞尾酒的外表比較中性，
但放在冰鎮的酒杯中顯得非常
討喜。應該可以看見浮在雞尾
酒上層的細緻泡沫。
味覺的差異：在口感上，不加
蛋白比加蛋白的調酒酸度更
高，甜味和酸度的平衡度更
好。喝起來微略的酸澀，調酒
更香醇濃郁，因為我們能更加
感受到威士忌的強勁。
氣味的差異：與加入蛋白的調
酒相比，這杯調酒的香氣更散

發出威士忌木質香和強勁的一面，前者的酒味較細緻。

第十課 P78-79

練習一

❶ 碎冰
❷ 當季水果
❸ 烈酒、糖、加烈酒

練習二

❶ 試做 2 款：

威士忌桑格麗：調酒在視覺上極具美感。夏季調酒，適合傍晚飲用。荳蔻香、波特酒和威士忌搭配配得完美無缺。這杯桑格麗生津解渴、濃郁，略帶辛香。

雪莉桑格麗：調酒在視覺上極具美感。夏季調酒，它的酒精濃度不高，因此能隨時皆可飲用。這款桑格麗具有清新口感，帶有白色水果（梨子、桃子）的香氣，混合細緻的辛香和杏仁味。

❷ 你的桑格麗：

蘭姆桑格麗（50ml 哈瓦那俱樂部 7 年蘭姆酒、25ml 皮爾苦味開胃酒、5ml 蜂蜜糖漿、肉豆蔻）：細緻的桑格麗，帶有微略的木質香和果香，適合傍晚或晚會飲用。

干邑白蘭地桑格麗（50mlVSOP 干邑白蘭地、25ml 皮爾苦味開胃酒、1 吧匙肉豆蔻）：簡單又精緻的桑格麗，但比加入古巴蘭姆酒的桑格莉更加濃醇。

卡爾瓦多斯桑格麗（50ml 精釀卡爾瓦多斯蘋果白蘭地、25ml 白香艾酒、肉豆蔻）：具清新口感的桑格麗（蘋果、梨子、杏桃……），它喝起來不如表面上的強勁。

第十一課至十三課

P90-91

練習一

❶ 瘋狂禁果：柳橙汁
　羅勒檸檬：蘋果汁
　克勞雷登：鳳梨汁
　蘋果莫希托：萊姆汁
　純真瑪麗：番茄汁
❷ 牙買加熱莎羅格麗：牙買加蘭姆酒
　藍色火焰：蘇格蘭威士忌

愛爾蘭咖啡：愛爾蘭威士忌
微醺火焰：安格仕蘭姆酒

練習二

❶ 羅伯特・韋梅爾
❷ 番茄酒
❸ 雞蛋
❹ 否

練習三

愛爾蘭咖啡經典版本：帶棕咖啡色澤，一層美麗的打發奶油。整體的外型棒呆了。口感柔滑卻不會甜膩。調酒上層的奶油帶來滑順口感，其次是熱咖啡的酸度，尾韻帶有威士忌的強勁。當你在趁熱、不用吸管享用時，每一口酒都妙不可言，介於威士忌的質地、溫潤和強勁，以及咖啡的酸度之間。以吸管飲用的話，必須先攪拌過。使用吸管品嚐的口感更接近貝詩禮香甜酒，因此更加甜膩，視覺上較不吸引人。

愛爾蘭咖啡（依據酒吧和餐館普遍使用的調製方法）：在視覺上，可以見到賦予它美麗外觀的不同層次和色調，但香緹鮮奶油會讓人覺得是道甜點而不是調酒。要品嚐的話，你需要一個挖香緹鮮奶油的湯匙和一根吸管，以便品嚐不同的層次（蔗糖、威士忌、咖啡）。它的口感並不怡人，也不容易飲用，因為味道會忽然從糖轉變為威士忌……調酒冷卻得也快而失去風味。

第十四課至十五課

P96-97

練習一

❶ 美國
❷ 調酒成分：庫拉索橙酒、檸檬汁、糖
　裝飾物：一圈糖邊、長檸檬皮捲
❸ 側車、白色佳人、俄式三弦琴、瑪格麗特

練習二

❶ 尼古拉・伯格
❷ 外交官
❸ 巴貝多島
❹ 否

練習三

搖盪法製作的白蘭地庫斯塔：外觀上來看，搖盪法調製的白蘭地庫斯塔比直調的庫斯塔優雅得多。在檸檬皮捲和糖圈之間出現的白色小泡沫讓一切截然不同！它的香氣更細緻，干邑白蘭地在口中完整散發風味，甜味、苦味和酸度之間平衡得恰到好處。

以直調法或攪拌法調製的白蘭地庫斯塔：外觀比較不優雅。這款庫斯塔聞起來不如搖盪法製作的清新，可以更感受到酒精的強勁。

側車：當它裝盛在漂亮的冰鎮雞尾酒杯中時，外觀低調而精緻，且當搖晃均勻時，能看到調酒上方的細小白色泡沫。香氣會依據干邑白蘭地的種類而變化，但一般來說，會調製出一款酸而不甜、具清爽口感的短飲。

第十六課 P102-103

練習一

馬丁尼。琴酒。伏特加。吧叉匙。雪克杯。不調馬丁尼。微甜。不甜。極不甜。皮捲。橄欖。

練習二

❶ 新鮮水果或蔬菜、糖、伏特加
❷ 百香果
❸ 白麗葉開胃酒
❹ 醃漬橄欖

練習三

馬丁尼（甜型）：這是一種聞起來香甜的馬丁尼，它以葡萄酒為基底的開胃酒的果香味更加突出。融合柑橘皮捲的香氣，它不但令人愉悅且酒精含量低，比表面上看起來更容易品嚐。必須非常冰涼端上桌並盡速飲用，避免雞尾酒的溫度上升，讓香艾酒中的甜味散發出來。

馬丁尼（微甜型）：比甜型的酒精濃度更高，也更不甜，琴酒的味道較為顯著，是不甜和濃郁尾酒愛好者很好的入門款。

馬丁尼（不甜型）：更強勁、更辛辣的馬丁尼酒，因為只加入幾滴香艾酒，所以很難喝得出來！當你把橄欖放入馬丁尼時，琴酒的濃郁芳香會跟著柑

橘和香料的味道一同出現，甚至醃漬液的鹹味也會微微顯現出來。

馬丁尼（極不甜型）：這是一款極不甜的冰涼馬丁尼，它比前一款的酒精濃度更高，因為沒有經過任何稀釋！我們可以觀察到冷凍後的烈酒質地產生了變化：它幾乎像利口酒一樣，當調酒端上桌時，會看見乳白色澤，這取決於使用的琴酒或伏特加。

第十七課至二十課

P116-118

練習一

❶ 《調酒的藝術》
❷ 本頓古典雞尾酒
❸ 戴爾・德格羅夫

練習二

❶ 各種類型的烈酒、糖、苦精
❷ 調製的方法
❸ 圓柱形金屬杯

練習三

❶ 琴酒四維索
❷ 殭屍
❸ 邁泰
❹ 植物學家四維索
❺ 四維索

練習四

經典波本古典雞尾酒：完美平衡的雞尾酒，使用砂糖使得雞尾酒香氣更濃郁和平衡。古典雞尾酒的稀釋速度比經典的波本古典雞尾酒慢兩倍。糖必須完全溶解（這一步驟可能需要 10 分鐘）。因此它調製的時間更長，但在品嚐時，你可以感覺到與用糖漿調製的差異。一旦添加的砂糖徹底溶解，它提升重酒的風味，無論是木香、煙燻還是辛香……這是一款純正的雞尾酒。

加入糖漿的波本古典雞尾酒：當我們期待一杯濃郁的雞尾酒，味蕾感受的滑膩感會有些不舒服。品嚐起來非常不同，但有趣之處是理解到糖的類型確實會影響雞尾酒的最終味道。基酒的味道會隨著它混合和冷卻的糖的類型而有所不同。稀釋度也不一樣，它會調出一種更順滑的雞尾酒，聞起來和口中的香氣較少。

練習五

碎冰：蘭姆四維索、琴酒四維索、邁泰、殭屍、老潘趣四維索

練習六

搭配牙買加蘭姆酒的邁泰：無論是裝在提基杯中或是古典杯中，這版本的邁泰都特別具有異國情調，碎冰和裝飾物使得它在經典雞尾酒中具有辨識度。它的酒香撲鼻，杏仁和柑橘類水果與牙買加蘭姆酒搭配得完美無缺；這款邁泰的口感非常出色，蘭姆酒的木質味和辛辣味顯著，高濃度蘭姆酒帶來強而有力的尾韻。

搭配法式蘭姆酒的邁泰：外觀上跟經典版本一模一樣。這個版本在香氣上比較低調，以口感來說，這是一款非常令人愉悅的邁泰，但與牙買加蘭姆酒相比，它的辛辣程度少得多。有些人偏好牙買加蘭姆酒的特性，而另外一些人則更喜歡法國蘭姆酒的爽口和細膩。

第二十一課 P119

練習一

❶ 卡魯哇 / 貝禮詩奶酒 / 柑曼怡（紅絲帶）

練習二

第一道測試靈活度的經典配方：調製普施咖啡，從最甜的材料開始注入至最不甜的。

試作一號酒（範例）：
10ml 杏仁糖漿、10ml 君度橙酒、10ml 干邑白蘭地

試作二號酒（範例）：
10ml 杏仁糖漿、10ml 卡魯哇、10ml 君度橙酒、10ml 干邑白蘭地

試作三號酒（範例）：
10ml 杏仁糖漿、10ml 卡魯哇、10ml 君度橙酒、10ml 紅香艾酒、10ml 干邑白蘭地

第二十二課至二十四課

P130-131

練習一

❶ 哈利的紐約酒吧
❷ 在美國
❸ 在喬治五世飯店

練習二

微辣的血腥瑪麗：令人愉悅的長飲，相當均衡且略帶辛辣，適合大多數人飲用。

辛辣的血腥瑪麗：這個版本適合喜歡加調味的血腥瑪麗和喜歡辛辣美食的人。口感相當強烈，只適合這一類口味的愛好者。

極辛辣的血腥瑪麗：適合隔日宿醉或是晚會開始時飲用。反過來說，對於無法忍受重度辛辣口味的人來說，這可能難以下嚥。

變化版本：
紅鯛魚（加入琴酒）：先嘗試經典的微辣版本：結果令人驚嘆，琴酒的苦味與調過味的番茄汁配合得完美無缺。不需要讓它過於辛辣，因為琴酒的芳香已經為這個版本添加了比伏特加更濃烈的口感。

古巴妮塔（Cubanita，搭配哈瓦那俱樂部 3 年古巴蘭姆酒）：這個版本比伏特加更清淡。

血腥瑪麗亞（搭配 100% agvae 龍舌蘭酒或是梅斯卡爾）：與調味番茄汁混合的這個墨西哥烈酒非常令人愉悅，因為它加強了鹹味和胡椒的味道（龍舌蘭酒），甚至是梅斯卡爾的煙燻味。

第二十五課至二十七課

P144-145

練習一

❶ 攪拌法：曼哈頓、玫瑰、大總統、高速砲彈、阿多尼斯、馬丁尼茲
直調法：坎嗆恰辣
古巴滾動法：無

❷ 小潘趣：法屬安的列斯群島
坎嗆恰辣：古巴
路易斯安那雞尾酒：紐奧良
花花公子：巴黎
卡琵莉亞：巴西

練習二

❶ **溫度影響**

小潘趣（室溫型）：這是一款經典的小潘趣，每個人都可以依自己喜好添倒酒的份量。它有明顯的強勁芳香。第 1 口的口感溫熱，而自第 2 口開始，可以感受到純粹主義者喜愛的草本植物風味！

❷ **蘭姆酒影響**

小潘趣（冰涼型）：外觀上載

然不同，可能會讓經典小潘趣的愛好者感到驚訝。由於變得冰涼，它的香氣強勁度銳減，但仍是低調和令人愉快的芳香。以口感來說，這是很不錯的驚喜，因為這個版本比它表面上更溫潤、更順口，新鮮甘蔗的味道極讓人愉悅。

老潘趣：這是一款節慶感較低的潘趣酒，但更適合拿來賞味。它比經典版本更濃醇；可以發現它帶有的木質香（來自陳年蘭姆酒），與小潘趣的草本香味（來自小潘趣酒）相反。

老潘趣四維索：這是一杯冰鎮後的老潘趣。根據所用蘭姆酒的不同，香氣會更細緻，或多或少帶有香草味、木質香或辛香味。

第二十八課至三十課

P156-157

練習一

蘋果車：卡爾瓦多斯蘋果白蘭地、君度橙酒、檸檬汁
側車：干邑白蘭地、君度橙酒、檸檬汁
XYZ：古巴蘭姆酒、君度橙酒、檸檬汁
俄式三弦琴：伏特加、君度橙酒、檸檬汁
白色佳人一號：薄荷酒、君度橙酒、檸檬汁

練習二

❶ 卡爾瓦多斯蘋果白蘭地
❷ 普利茅斯琴酒
❸ 牙買加蘭姆酒
❹ 蘇格蘭威士忌

練習三

柯夢波丹。風味伏特加。琴酒。濃縮萊姆汁。卡麥隆的刺激快感。蘇格蘭威士忌。愛爾蘭威士忌。瑪麗畢克馥。哈瑞・克拉多

練習四

加入砂糖的黛綺莉：搖至冷卻、裝盛在冰鎮的酒杯中，它的外觀看起來是一款非常清新和誘人的調酒！從香氣而言，可以感受到混合蘭姆酒和鮮榨萊姆汁的新鮮氣味。這款雞尾酒極富輕盈和清爽口感，既不過甜或過酸，也不會太濃郁。

加入糖漿的黛綺莉：質地不同，

更加低調的香氣。入口時，糖漿會附著在舌頭上而較不清爽，依據糖漿的劑量或質量，在幾口下肚後會令人覺得噁心。

第三十一課至三十三課

P166-167

練習一

亡者復甦一號：干邑白蘭地、紅香艾酒、卡爾瓦多斯蘋果白蘭地
賽澤瑞克：干邑白蘭地、糖漿、裴喬氏苦精
日本雞尾酒：干邑白蘭地、杏仁糖漿、蘇茲芳香苦精
亞歷山大白蘭地：干邑白蘭地、可可香甜酒、鮮奶油
瑪麗亞多洛雷斯：干邑白蘭地、庫拉索橙酒、可可香甜酒

練習二

1 法蘭克・米爾
❶ 臨別一語
❷ 覆盆子
❸ 賽澤瑞克、亞歷山大白蘭
❹ 地、老廣場
5 亡者復甦三號
❺ 60ml 干邑白蘭地
❻ 2 至 3 抖振裴喬氏苦精
7 加利安諾香草利口酒
❼

練習三

直調法製作的法式 75：它具有香檳強勁、清爽和微酸的口感。以一款長飲來說，它的酒精度偏高，可以作為餐前酒或晚會享用，但喝起來可能會濃稠且令人噁心。它受到那些喜歡強烈和氣泡長飲的人歡迎。

搖盪法製作的法式 75：當它裝盛在冰鎮的笛型香檳杯中，其蛋白霜的外觀會非常賞心悅目。這款調酒讓你渴望品嚐，而且它沒有前一款強勁！香氣輕盈而細微，但在入口啜飲時卻令人驚奇。它隨時皆可享用。

含苦艾酒的法式 75：它是 3 者中口感最細緻的一款，茴香的味道為這款雞尾酒升華了另一個層次。

第三十四課至三十五課

P186

練習一

經典賽澤瑞克：當這款復古雞

尾酒和優質的材料充分冷卻時,以香氣濃郁度來說,它可能是最好的調酒。雖然從組成的成分來看,它口味強勁,但入口品嚐時卻相當圓潤和濃郁。干邑白蘭地帶來悠長的尾韻,而裝喬氏苦精的茴香調添加活力,這提升了賽澤瑞克的味道。最後一點,苦艾酒的草本特質帶來許多清爽口感。

裸麥威士忌賽澤瑞克:加入裸麥威士忌的配方更飽滿、更強勁、更濃郁、酒精濃度更高。這個調酒比搭配干邑白蘭地的賽澤瑞克更適合作為開胃酒;它比經典的版本更不甜,能吸引以威士忌為基底的調酒愛好者。

龍舌蘭賽澤瑞克:這款當代版本令人驚喜,在香氣層面是如此強烈。我們發現了賽澤瑞克潛力:藉由改變基酒和糖,我們能夠調製出口感非常不同但

一樣出色的雞尾酒!賽澤瑞克和梅斯卡爾也搭配得天衣無縫。對於草本、苦味和濃郁風格甚至略帶煙燻味的愛好者,龍舌蘭賽澤瑞克會愉悅他們的味蕾。

第三十六課至三十七課

P187

練習一

經典內格羅尼:它是苦味型餐前雞尾酒之王,可能是在金巴利的苦味、苦艾酒的甜味和琴酒的強勁之間最平衡的雞尾酒。

白內格羅尼:這個現代版本的內格羅尼較不苦澀,更具有清爽口感,另一方面,它也更不甜且更濃烈。

內格羅尼法國海外版:以馬丁

尼克島陳年蘭姆酒為基底的內格羅尼出乎意料之外。

然而,全部材料搭配得無與倫比。你可以感受到蘭姆酒木質香的一面,它也帶來許多清新活力和悠長尾韻,而皮康開胃酒添加額外的芳香複雜度。當這種調酒陳釀幾個星期時,成品是非常美味的。

第三十八課至四十一課

P204

練習一

德瑞克的莫希托:德瑞克的莫希托版本默默無聞。不帶吸管來飲用一杯原汁原味的經典莫希托,可能令人出乎意料:喜好會非常兩極!這個長飲喝起來的口感比經典版更清爽,具有更長的尾韻。

道地的古巴莫希托:道地古巴莫希托更容易製作:一些萊姆汁(不用萊姆角),和方冰塊(不用碎冰)。這是一道生津解渴的長飲。

老古巴人:這個莫希托版本是三者之中口感最精緻的。它讓你了解如何調製一款經典的「變化版本」(twist),與時俱進地重新將它演繹,而不需要改變成分(香檳除外)。如果調製完美的話,這杯調酒美味至極。我們保留了莫希托的結構,薄荷/萊姆/糖的混合材料帶來許多清爽口感和香味,以及古巴陳年蘭姆酒的木質香和香草味。最後一點,香檳為這款調酒增添了令人舒服的氣泡感。